Marina Zabrodina

Acumulação de fósforo no solo

AF376633

Marina Zabrodina

Acumulação de fósforo no solo

Análise regional do fluxo de substâncias

ScienciaScripts

Imprint
Any brand names and product names mentioned in this book are subject to trademark, brand or patent protection and are trademarks or registered trademarks of their respective holders. The use of brand names, product names, common names, trade names, product descriptions etc. even without a particular marking in this work is in no way to be construed to mean that such names may be regarded as unrestricted in respect of trademark and brand protection legislation and could thus be used by anyone.

Cover image: www.ingimage.com

This book is a translation from the original published under ISBN 978-3-659-88925-7.

Publisher:
Sciencia Scripts
is a trademark of
Dodo Books Indian Ocean Ltd. and OmniScriptum S.R.L publishing group

120 High Road, East Finchley, London, N2 9ED, United Kingdom
Str. Armeneasca 28/1, office 1, Chisinau MD-2012, Republic of Moldova, Europe
Managing Directors: Ieva Konstantinova, Victoria Ursu
info@omniscriptum.com

Printed at: see last page
ISBN: 978-620-3-26280-3

Copyright © Marina Zabrodina
Copyright © 2025 Dodo Books Indian Ocean Ltd. and OmniScriptum S.R.L publishing group

ÍNDICE DE CONTEÚDOS

Agradecimentos

Esta investigação foi concluída durante a primavera de 2013 como parte final dos meus estudos de Mestrado em Análise de Sistemas Ambientais (programa de Ecologia Industrial).

Estou grato ao meu supervisor, Daniel Muller, e aos co-orientadores Marina Bleken (Universidade de Ciências da Vida), Franciska Steinhoff (NTNU) e Ola Hanserud (Bioforsk, NTNU) pela orientação contínua e discussões úteis. Os meus agradecimentos especiais a Franciska Steinhoff pelo feedback construtivo durante a revisão do presente trabalho.

Gostaria também de agradecer a Marianne Bechmann (Bioforsk), Anne Falk Ostgaard (Bioforsk), Anne Been (Autoridade Alimentar Norueguesa), Tore Krogstad (Universidade de Ciências da Vida), Odd Magne Harstad (Universidade de Ciências da Vida), Arne Gronlund (Bioforsk), 0yvind Breen (Autoridade Agrícola Norueguesa) e Ola Nyhus (Yara) pelos seus conselhos especializados e fontes de dados.

E, por último, mas não menos importante, agradeço à minha família pelo seu apoio e paciência.

Marina Zabrodina
Trondheim, junho de 2013

Lista de abreviaturas

ADP	Adenosine diphosphate
ATP	Adenosine triphosphate
DNA	Deoxyribonucleic Acid
JOVA	Soil and water monitoring in agriculture
	(Jord- og vannovervåking i landbruket – Norwegian)
GMO	Genetically modified organism
MFA	Material flow analysis
NAPI	Net anthropogenic phosphorus input
P	Phosphorus
P-AL	Phosphorus – ammonium lactate test
RNA	Ribonucleic acid
SFA	Substance flow analysis

1. INTRODUÇÃO

1.1. A importância do fósforo

O fósforo é um elemento essencial para todas as formas de vida. Como componente dos ácidos nucleicos, dos fosfolípidos das membranas celulares, do ADP e do ATP, que fornecem energia aos processos celulares, e de uma série de enzimas e co-enzimas, o fósforo não tem substituto e é, por conseguinte, um ingrediente crítico na produção primária. A produção vegetal é frequentemente limitada pelo fósforo, o que torna a disponibilidade deste elemento nos solos extremamente importante para todos os ecossistemas terrestres, bem como para a agricultura.

O ciclo do fósforo não é circular como o de outros elementos, por exemplo, o carbono ou o azoto. Em grande medida, é um fluxo unidirecional das rochas fosfáticas para o solo e depois para os lagos e oceanos. Atualmente, o ciclo do fósforo terrestre é dominado pelas actividades humanas, especialmente a agricultura (Oelker e Valsami-Jones, 2008; Shen et al., 2011). A atividade humana mais do que duplicou a mobilização global de fósforo em comparação com o fluxo natural de fósforo devido à meteorização (Smil, 2000; Tilman et al., 1999; Bouwman et al., 2009). No passado, o fósforo era reciclado dentro dos sistemas agrícolas, mas no século XX a produção de alimentos tornou-se geograficamente separada do consumo de alimentos, bem como a produção agrícola da produção animal (Bateman et al., 2011). A urbanização, a segregação dos sistemas agrícolas mistos e a "Revolução Sanitária" no século XIX - início do século XX levaram à mudança de uma sociedade de reciclagem de fósforo para uma sociedade de escoamento de fósforo (Ashley et al., 2011; Schroder et al., 2011).

A produção alimentar é responsável por 90% do consumo global de fósforo (Cordell et al., 2009; Neset e Cordell, 2011), 79% do fósforo é utilizado como fertilizante, 11% - para alimentação animal e aditivos alimentares (Johnston e Steen, 2000; Been e Gronlund, 2008). 50-60% de todo o fornecimento de fósforo deve-se à utilização de rochas fosfáticas (Smil, 2000).

O fósforo não é um recurso renovável. Os depósitos de rocha fosfática facilmente acessíveis são limitados (Elser e Bennett, 2011). Com as actuais taxas de produção, espera-se que estas reservas se esgotem em 50-150 anos (Smil, 2000; Cordell et al., 2009; Schroder et al., 2011), ou, de acordo com diferentes previsões, de 30-40 a 300-400 anos (Cordell et al., 2012). O pico de produção está previsto para cerca de 2030 (Elser e Bennett, 2011). A escassez de fósforo representa um perigo para a segurança alimentar mundial. O problema pode ser agravado pelo aumento do cultivo de culturas bioenergéticas. Além disso, as reservas de rocha fosfática estão distribuídas de forma desigual:

encontram-se principalmente em Marrocos, na China e nos EUA, enquanto a Europa Ocidental e a Índia estão totalmente dependentes da importação (Cordell et al., 2009). No entanto, atualmente, o possível esgotamento das reservas de fosfato não é a questão principal, e as restrições à utilização de fertilizantes e outras medidas destinadas a conseguir uma utilização mais eficiente do fósforo são motivadas pelo impacto negativo da utilização excessiva de fósforo no ambiente e não pela escassez de recursos (Schroder et al., 2010).

1.2. Eutrofização

O excesso de fósforo pode representar um grave problema ambiental. A fertilização excessiva do solo com fósforo causa poluição da água. As culturas não absorvem todos os fertilizantes aplicados no solo e o excesso de fertilizantes provoca um aumento dos níveis de fosfatos nas massas de água de superfície (Carefoot et al., 2003). A concentração elevada de fósforo nas águas superficiais (especialmente nos lagos) estimula o crescimento de microalgas e cianobactérias e provoca frequentemente a eutrofização. O aumento da entrada de fósforo acelera a eutrofização da água doce (Sharpley, 1994a, b). A eutrofização leva à redução da biodiversidade e da população de animais selvagens devido à falta de oxigénio e à degradação da qualidade da água potável. Este facto aumenta os custos de tratamento da água potável e diminui os benefícios recreativos.

O crescimento do fitoplâncton demonstrou ser proporcional à concentração de fósforo na água (Schindler, 1977; 2012). O fluxo de fósforo para a água é causado principalmente por actividades humanas como o cultivo de culturas, a criação de animais, a excreção humana, os resíduos domésticos e industriais (Leeben et al., 2008; Han et al., 2013). A atividade humana aumentou 3 vezes o fluxo global de fósforo da terra para a água (Hovarth et al., 2002). Os aportes de fósforo de fontes pontuais para a água foram grandemente reduzidos durante as últimas décadas através da melhoria do tratamento de águas residuais e da reformulação de detergentes, enquanto as fontes não pontuais, principalmente a fuga de nutrientes através da erosão do solo e o escoamento de terras agrícolas, especialmente em áreas de produção intensiva de culturas e gado, são de importância crescente (Sharpley e Rekolainen, 1997; Sharpley, 1999; Gentry et al., 2007; Cordell et al., 2009; Elser e Bennett, 2011). Uma diminuição da entrada de fósforo de fontes pontuais deixou a agricultura como o principal contribuinte de fósforo para muitos lagos na Noruega (Bechmann et al., 2005a). A eutrofização devido à descarga excessiva de fósforo do solo agrícola é um dos problemas ambientais mais importantes em algumas regiões da América do Norte e da Europa (Delgado e Torrent, 2001).

1.3. Fósforo no solo

O solo é o principal reservatório de fósforo acessível à vida nos sistemas terrestres (Hesterberg, 2011). Filippelli (2002) estimou que 98% do fósforo num sistema solo/biota global se encontra no solo. As plantas absorvem o fósforo sob a forma de ortofosfato, maioritariamente sob a forma de $H_2PO_4^-$, e menos HPO_4^{2-} (Syers et al., 2008). As plantas também podem adquirir fósforo de fontes orgânicas através de fungos Mycorrizae simbióticos (Schachtman et al., 1998).

Devido à natureza altamente reactiva do fósforo, apenas uma pequena fração do fósforo total no solo está disponível para absorção pelas plantas; o fósforo liga-se facilmente às partículas do solo ou a outros compostos e torna-se biologicamente indisponível. As reacções químicas do fósforo no solo são descritas no Apêndice 1. Assim, especialmente em zonas agrícolas com utilização excessiva de fertilizantes, o fósforo está a acumular-se no solo numa forma indisponível para as plantas. No entanto, vários estudos de caso sobre a recuperação e a eficiência da utilização do fósforo em vários tipos de solo em diferentes partes do mundo mostraram provas de que o fósforo aplicado sob a forma de fertilizantes e estrume não é irreversivelmente fixado no solo (Syers et al., 2008).

São normalmente definidos três grupos de fósforo no solo (Figura 1). (1) **O fósforo dissolvido** contém maioritariamente ortofosfatos dissolvidos: $H_2PO_4^-$ em condições ácidas (pH<7) e HPO_4^{2-} em condições alcalinas. Uma pequena quantidade de fósforo orgânico dissolvido pode também estar presente (Hansen, 2002). (2) **O fósforo solto / ativo / lábil** está em equilíbrio dinâmico com a solução do solo e pode ser libertado com relativa facilidade. O fósforo inorgânico neste conjunto existe em minerais relativamente solúveis ou em locais de troca iónica do solo, o fósforo orgânico provém de material orgânico relativamente fresco que pode ser facilmente decomposto (Hansen, 2002). (3) **O fósforo fixo / fortemente ligado / estável** refere-se a compostos inorgânicos muito insolúveis, como compostos cristalinos de Al e Fe ou compostos de Ca, e compostos orgânicos resistentes à mineralização. Este reservatório está em equilíbrio com os outros reservatórios, e existe uma conversão lenta de "fixo" para "ativo", mas é normalmente considerado demasiado lento para ser importante para a produção agrícola (Hansen, 2002). Por vezes, é incluído mais um reservatório - minerais de fosfato muito fortemente ligados (Syers et al., 2008).

Para efeitos de modelo, apenas dois reservatórios - "reservatório lábil" e "reservatório não lábil (estável)" - são frequentemente definidos (Vadas et al., 2006, Sattari et al., 2012). Kreuzeder (2011) modelou três reservatórios: inorgânico-solução-orgânico.

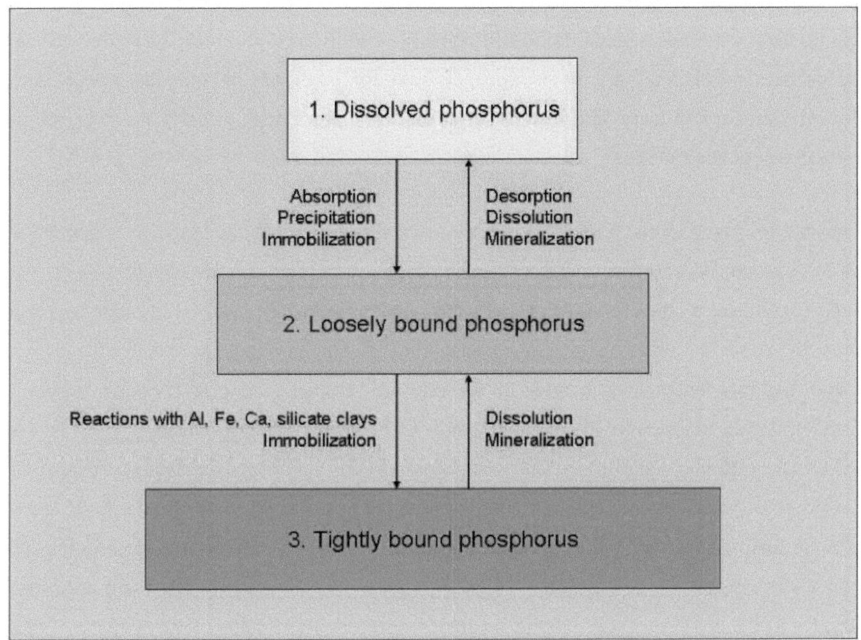

Figura 1. Reservatórios de fósforo no solo. As caixas representam as reservas de fósforo no solo. O reservatório "dissolvido" inclui ortofosfatos e uma pequena quantidade de fósforo orgânico dissolvido. O reservatório "fracamente ligado" inclui o fósforo inorgânico nos locais de troca iónica do solo e o fósforo orgânico facilmente decomponível. O grupo "fortemente ligado" inclui compostos orgânicos insolúveis e compostos orgânicos recalcitrantes. As setas representam a conversão entre os grupos.

1.4. Conceitos da dinâmica do fósforo no solo - a história da questão

As experiências de campo de meados do século XIX com a aplicação de fertilizantes no Reino Unido mostraram que, para obter um rendimento aceitável, era necessário aplicar mais fósforo do que aquele que era removido com as colheitas. Observou-se que o solo tratado com fertilizante fosfatado continha mais fósforo solúvel do que o não tratado. No entanto, uma parte do orçamento de fósforo não pôde ser contabilizada. Como não se registou qualquer transferência descendente no perfil do solo, concluiu-se que parte do fósforo aplicado foi "fixado" na camada superficial do solo. O processo de retenção de fósforo foi atribuído ao carbonato de cálcio em solos calcários e aos óxidos de alumínio e de ferro em solos ácidos (Syers et al., 2008).

Em meados do século XX, sugeriu-se que os iões de fosfato eram removidos da solução do solo principalmente por adsorção e, em menor medida, por precipitação. No entanto, concluiu-se que o fósforo adsorvido ainda estava disponível para as plantas (Syers et al., 2008). Depois de 1950, a atenção foi dada sobretudo à precipitação de fósforo no solo. A baixa disponibilidade de fertilizantes fosfatados para as plantas em muitos tipos de solo foi explicada pela rápida reação com os componentes do solo. O facto de o fósforo ser adsorvido e absorvido em partículas foi geralmente ignorado (Syers et al., 2008).

Nos anos 80, foi sugerido que o fósforo absorvido poderia ser libertado ao longo do tempo (Syers et al., 2008). A produção de fósforo com o rendimento das culturas pode exceder a quantidade de fósforo "disponível". Em solos com elevado teor de fósforo, podem ser necessários muitos anos para reduzir o fósforo do teste do solo para o nível em que as culturas respondem à aplicação de fertilizantes, uma vez que o fósforo é lentamente libertado do reservatório "estável" para o reservatório "disponível" (McCollum, 1991; Sharpley e Recolainen, 1997; Oehl et al., 2002; Dodd et al., 2012). Numa experiência de campo a longo prazo em Rotamshed (Reino Unido), o aumento do fósforo Olsen testado no solo representou apenas 14% do orçamento positivo de fósforo durante 45 anos de aplicação de fertilizantes, enquanto a diminuição do fósforo Olsen testado no solo representou apenas 36% do fósforo removido com culturas colhidas durante os 73 anos seguintes sem aplicação de fertilizantes fosfatados (Syers et al., 2008). Assim, compreendeu-se finalmente que o fósforo "fixado" no solo podia ser recuperado e absorvido pelas plantas ao longo do tempo (Syers et al., 2008).
Na maior parte do século XX, a tónica foi colocada na determinação da quantidade de nutrientes necessária para a produção óptima das culturas, mas nos últimos 20-30 anos voltou-se para os impactos ambientais. No futuro, a tónica será colocada na produção de rendimentos económicos com uma entrada reduzida de nutrientes (Hochmuth, 2003).

1.5. Gestão do fósforo e aplicação de fertilizantes

A preocupação com a qualidade das águas superficiais motivou uma série de medidas de gestão agrícola em muitos países da América do Norte e da Europa (Cordell et al., 2009), entre os quais a Noruega (Ministério do Ambiente, 1976; 1992; Bechmann et al., 2005a), com o objetivo de evitar a fertilização excessiva. Durante as duas últimas décadas, a utilização de fertilizantes diminuiu na Europa Ocidental em geral (Figura 2) e na Noruega em particular (Figura 3). A diminuição da utilização de fertilizantes minerais levou a um declínio no orçamento de fósforo do solo (Figura 4). O declínio observado na utilização de fertilizantes fosfatados nos países industrializados tornou-se possível não só devido à alteração das práticas agrícolas, mas também devido à acumulação de fósforo no solo após muitos anos de aplicação excessiva de fertilizantes.

A resposta da produção à fertilização com fósforo depende do teor de fósforo no solo e do tipo de solo. Os principais tipos de solo, suas propriedades e opções de uso da terra são mostrados no Quadro 2 (Apêndice 2). Depois de o teor de fósforo no solo atingir um determinado nível, o rendimento das culturas deixa de responder a um aumento da fertilização (McCollum, 1991; MacDonald et al., 2011). Devido à acumulação a longo prazo em solos agrícolas europeus e norte-americanos, o teor de fósforo está acima deste "nível crítico" e apenas é necessário um pequeno contributo para substituir o fósforo removido com a colheita (Cordell et al., 2009; Neset e Cordell, 2012). Novas recomendações de fertilizantes com doses mais baixas de fósforo estão a ser desenvolvidas em muitos países (Castoldi et al., 2009; Valkama et al., 2009; Litaor et al., 2013). A estratégia de fertilização equilibrada (adição da mesma quantidade de fósforo que é removida pelas culturas) foi introduzida em áreas com teor médio-alto de fósforo no sudeste da Noruega, uma vez que não havia necessidade de um excedente de fósforo (Krogstad et al., 2008).

As recomendações de fertilizantes baseiam-se nos teores de fósforo no solo. Para a agricultura prática, a determinação da quantidade total de fósforo no solo não é significativa. Assim, os testes de solo para o fósforo disponível para as plantas utilizados na agricultura não são concebidos para determinar a concentração total de fósforo no solo ou mesmo a concentração de fósforo disponível para as plantas, mas para fornecer a medição do índice de fósforo que pode ser absorvido pelas plantas durante a estação de crescimento (Hansen et al., 2002). O importante é a correlação entre a quantidade de fósforo extraída pelo extrator químico e a quantidade de fósforo absorvida pela planta. O extrator que apresenta a correlação mais elevada é selecionado para o ensaio (Watson e Mullen, 2007). O fósforo testado no solo representa normalmente menos de 5% do fósforo total do solo em solos não fertilizados, e uma percentagem muito mais elevada no caso de aplicação prolongada de fertilizantes ou estrume (Hansen et al., 2002). No Quadro 3 (Apêndice 3) são apresentados vários testes de fósforo no solo amplamente utilizados. Verificou-se que os diferentes testes de fósforo no solo estão bem correlacionados entre si e com os testes de fósforo utilizados na monitorização ambiental (Ebeling et al., 2003b).

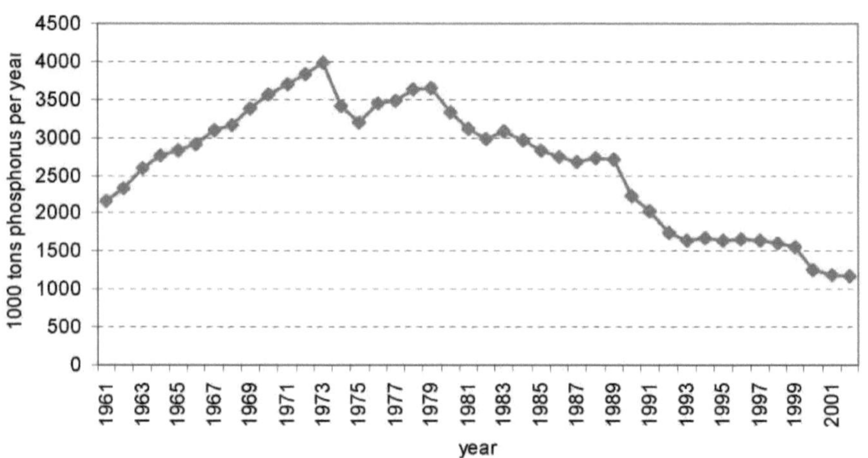

Figura 2. Utilização de fertilizantes com fósforo na Europa Ocidental (dados da FAOstat, 2013)

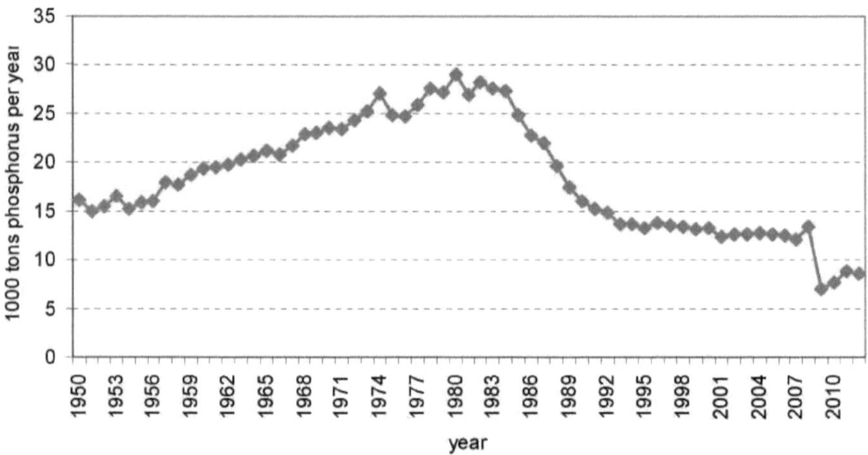

Figura 3. Utilização de fertilizantes com fósforo na Noruega (dados de Mattilsynet, 2012)

Foi demonstrada uma forte correlação entre os resultados dos métodos Mechlich e Bray-Kurtz (Ebeling et al., 2003b), Mechlich e P-AL (Bechmann, 2005b), e P-AL e Olsen (Mattson, 2008), embora o P-AL possa ser sobrestimado a pH elevado (Mattson, 2008). Uma vez que os extractores químicos nos ensaios de P no solo simulam a disponibilidade de fósforo, os resultados destes ensaios podem ser utilizados para estimar o teor de fósforo disponível/lábil/ativo/ligado livremente no solo.

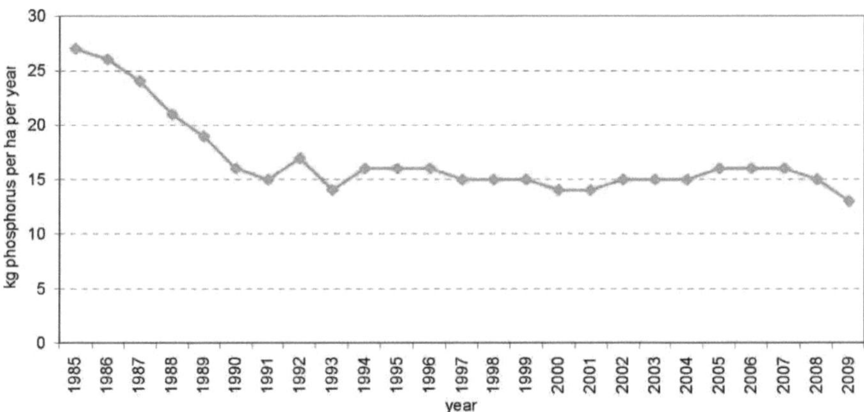

Figura 4. Orçamento de fósforo do solo na Noruega, kg de fósforo por ha por ano (dados de Eurostat, 2013)

1.6. Investigação atual

Para uma gestão racional e sólida do fósforo, são necessárias estimativas razoáveis e fiáveis dos reservatórios e fluxos de fósforo. Os estudos de AMF que consideram as reservas de fósforo no solo ou os fluxos de/para o solo são poucos, diferem em termos de âmbito e metodologia e os seus resultados são por vezes contraditórios.

Bouwman e colegas (2009) analisaram as tendências globais nos orçamentos de fósforo do solo ao longo do tempo. Calcularam os fluxos globais de fósforo (fertilizantes, estrume, resíduos humanos, colheita/pastoreio, acumulação de solo, erosão/lixiviação) para 1970, 2000 e 2050 para os cenários da Avaliação do Ecossistema do Milénio (Bouwman et al., 2009). A entrada global de fósforo com fertilizantes inorgânicos foi estimada em 8 milhões de toneladas por ano, a de estrume em 13 milhões de toneladas por ano e a acumulação no solo (terras agrícolas + pastagens) foi de 9 milhões de toneladas por ano em 1970. Em 2000, os factores de produção e a acumulação no solo aumentaram - 14 Mt/ano com fertilizantes inorgânicos, 17 Mt/ano com estrume, 12 Mt/ano acumulados no solo. Os stocks não foram considerados neste estudo (Bouwman et al., 2009). Cordell e colegas (2009) estudaram os fluxos globais de fósforo através do sistema alimentar no que respeita ao pico de fósforo, à segurança alimentar global e às opções de reciclagem. A entrada global de fertilizantes foi estimada em 14 milhões de toneladas por ano e a de estrume em 13 milhões de toneladas por ano, consideravelmente menos do que o estimado por Bouwan et al. (2009). Consequentemente, a acumulação de solo (entradas menos saídas) em "solo arável" foi estimada em 4,5 milhões de toneladas/ano por volta do ano 2000 (Cordell et al., 2009), também muito menos do que em

(Bouwman et al., 2009). As perdas por erosão/escoamento foram de 8 milhões de toneladas por ano, segundo Cordell et al., 2009. Liu e colegas (2008) também analisaram os fluxos globais de fósforo para o ano por volta de 2000 e resumiram a informação disponível sobre os reservatórios globais de fósforo total e disponível no solo. Os fluxos foram calculados para a terra de cultivo global (terra arável). A entrada de fertilizantes inorgânicos foi de 13,8 milhões de toneladas por ano, quase o mesmo que nos dois estudos acima referidos, mas a entrada de resíduos vegetais reciclados, estrume e dejectos humanos em conjunto foi de apenas 6,2 milhões de toneladas por ano. Devido aos resultados das colheitas (12,7 milhões de toneladas/ano) e às perdas por erosão/escoamento das terras cultivadas (19,3 milhões de toneladas/ano) e das pastagens permanentes (17,2 milhões de toneladas/ano), o orçamento global resultante é altamente negativo (perdas líquidas de 10,5 milhões de toneladas/ano das terras cultivadas a nível mundial) (Liu et al., 2008).

Os estudos sobre os fluxos nacionais de fósforo são difíceis de comparar. Suh e Yee (2011) estimaram a eficiência da utilização do fósforo no ciclo de vida do sistema alimentar dos EUA e calcularam os fluxos de P para 2007 utilizando o balanço de massa. Não examinaram o solo enquanto tal, mas as entradas e saídas do processo de "cultivo de culturas" incluem "utilização de fertilizantes" (1810 Kt/ano) e "resíduos para o solo" (672 Kt/ano). Não foram assumidas perdas por erosão/escoamento e não foi considerado qualquer stock de solo (Suh e Yee, 2011).

Os fluxos de fósforo na agricultura e no sistema alimentar na Suécia em 2008-2010 foram estudados com especial incidência no sistema global (Linderholm et al., 2012). O balanço para o solo agrícola não foi analisado, uma vez que o "cultivo de plantas" e a "criação de animais" pertenciam ao mesmo processo. As entradas líquidas de fósforo no solo na Suécia foram estimadas em 4,1 kg/ha para todas as terras agrícolas (incluindo pastagens) (Linderholm et al., 2012). Neset e colegas (2008) analisaram os fluxos de fósforo com base na produção e consumo de alimentos de um habitante médio de Linkoping (Suécia) em 1870, 1900, 1950 e 2000. Verificou-se um aumento na entrada de fertilizantes químicos, no fluxo da produção animal e, consequentemente, no fluxo que chega ao consumidor e depois ao sistema de gestão de resíduos (Neset et al., 2008). No estudo das reservas e fluxos de nutrientes no sistema finlandês de produção e consumo de alimentos, foram estimados os fluxos de entrada e saída de e para o solo agrícola em 1995-1999, bem como as reservas de P disponível para as plantas, mas não o P total. O excedente de fósforo (entradas menos saídas, incluindo perdas) foi de 12,7 kg P/ha-ano em terras agrícolas (Antikainen et al., 2005).

Matsubae-Yokoyama e colegas (2009) analisaram os fluxos de fósforo japoneses para o ano de 2002 e concluíram que mais de 90% dos fertilizantes utilizados na agricultura foram acumulados no solo,

mas o stock de solo não foi quantificado (Matsubae-Yokoyama et al., 2009). Mais de 80% do fósforo extraído na China em 1984-2008 foi "perdido na água natural e no solo", e o stock no solo agrícola foi estimado em 38,3 Mt (Ma et al., 2012). Yuan e colegas (2011) calcularam as entradas e saídas de e para o solo agrícola e o stock de fósforo no solo. O stock de solo foi calculado para
2008 como a soma de todos os influxos multiplicada por 0,3 - "eficiência do sedimento do solo". Han et al. (2013) encontraram uma tendência ascendente nas entradas líquidas de fósforo antropogénico (NAPI) de 1981 a
2009 na China continental. Os fertilizantes inorgânicos representaram 57-84% da entrada líquida de fósforo antropogénico (Han et al., 2013).

O estudo dos fluxos de fósforo em França (Senthilkumar et al., 2012a; 2012b) mostrou que o orçamento nacional de fósforo no solo foi reduzido de 18 kg/ha-ano em 1990 para 4 kg/ha-ano em 2006, principalmente devido à redução da aplicação de fertilizantes inorgânicos.

A análise a nível regional em França demonstrou a dependência dos fluxos e orçamentos de fósforo do sistema de produção agrícola: a região com produção agrícola dominante foi considerada fortemente dependente da utilização de fertilizantes, enquanto a região de criação de animais acumulou fósforo no solo (Senthilkumar et al., 2012b). As existências no solo não foram calculadas neste estudo devido a dificuldades na obtenção de dados sobre o teor total de fósforo. Também não foi discutida a acumulação de fósforo resultante no solo, embora o orçamento de fósforo do solo tenha sido calculado para 16 anos (Senthilkumar et al., 2012b). No entanto, a abordagem regional pode ser útil na avaliação das reservas de fósforo no solo, especialmente quando é possível analisar regiões com sistemas de produção contrastantes.

1.7. Objetivo e âmbito do trabalho

Foi realizado um estudo prévio durante o outono de 2012 com o objetivo de avaliar as reservas de fósforo no solo (Zabrodina, 2012). Os fluxos e as reservas de fósforo foram calculados para as terras agrícolas dos EUA durante um ano, por volta de 2008. Os resultados indicaram que as quantidades de fósforo no fertilizante e na cultura colhida eram da mesma ordem de grandeza que o fósforo do solo no reservatório disponível / lábil / fracamente ligado. Pode servir como confirmação da conversão do reservatório "fortemente ligado" para o reservatório "lábil/disponível".

O pré-estudo revelou a necessidade da utilização de dados menos agregados, como dados de fluxo de fósforo à escala regional, para demonstrar a saturação do solo com fósforo e avaliar a contribuição do fósforo "fixo" para a nutrição das plantas. Outra razão para utilizar os dados menos agregados é evitar grandes incertezas. Para além das terras agrícolas, a análise deve incluir os prados, uma vez que podem ser utilizados fertilizantes inorgânicos em ambos. Além disso, para observar alterações nos fluxos e reservas de fósforo ao longo do tempo, os fluxos devem ser analisados para o período de várias décadas.

O presente estudo teve como objetivo abordar o tema da dinâmica do fósforo no solo utilizando a Análise de Fluxo de Material / Substância através da caraterização das reservas e fluxos de fósforo em regiões com diferentes sistemas de produção agrícola e a sua evolução ao longo do tempo.

As questões específicas da investigação foram as seguintes
1. Quais são as principais reservas e fluxos de fósforo nas regiões norueguesas com sistemas de produção agrícola contrastantes (Akershus, Sor-Trondelag e Rogaland)?
2. Quais são as principais alterações nos fluxos e reservas de fósforo em regiões com diferentes sistemas de produção agrícola?
3. Como é que o tipo de sistema de produção agrícola e a utilização de fertilizantes durante os últimos 60 anos influenciaram a acumulação de fósforo no solo nas áreas de estudo?
4. Os resultados dos testes de fósforo do solo P-AL podem refletir a acumulação de fósforo no solo ao longo do tempo?
5. Quais são as possíveis implicações da situação atual e das tendências das reservas e fluxos de fósforo no solo para a gestão do fósforo na Noruega?

2. MÉTODOS

2.7. Definição do sistema

2.7.1. A zona de estudo e o calendário

Os limites do sistema são definidos como sistema agrícola num condado norueguês; um ano (média de 1997-1999 e 2009-2011). As terras agrícolas - jordbruksareal (norueguês) - são definidas como as terras utilizadas para culturas, pastagens cultivadas e prados permanentes (incluindo pastagens fertilizadas, mesmo que não estejam completamente limpas), bem como relvados e jardins (SSB, 1974; 1982). As terras não cultivadas - utmark (norueguês) - estão fora do sistema agrícola.

Foram selecionadas três regiões norueguesas: (1) Akershus, com uma produção cerealífera dominante, (2) Rogaland, com uma elevada densidade pecuária e uma produção de erva dominante, e (3) Sor-Trondelag, com uma agricultura mista. Em Akershus, mais de 77% das terras agrícolas são dedicadas ao cultivo de cereais, sendo este condado responsável por mais de 20% da produção nacional de cereais, enquanto Rogaland é responsável por uma parte considerável da pecuária norueguesa: 17% de bovinos, 28% de suínos, mais de 21% de ovinos e mais de 29% de aves de capoeira; 94,5% das terras agrícolas em Rogaland são prados para ceifa e pastagem (SSB, 2012). Sor-Trondelag representa 5,3% da produção nacional de cereais, 9% do efetivo bovino norueguês, 6,4% de suínos e 5% de aves de capoeira, tendo 23% da superfície agrícola utilizada para cereais e 75% como prados (SSB, 2012).

Os fluxos e orçamentos de fósforo no sistema agrícola foram calculados de forma independente para três condados noruegueses numa base anual de 1996 a 2011. Os valores médios de três anos foram calculados para os anos 1996-1999 e 2009-2011. Além disso, o orçamento de fósforo para o solo foi quantificado para os anos de 1950 a 1995, a fim de estimar o limite inferior do fósforo total acumulado no solo nos últimos 60 anos.

2.7.2. Conceção do sistema

O sistema agrícola inclui quatro processos: (1) "Solo" (2) "Produção vegetal" (3) "Mercado de alimentos e forragens" e (4) "Criação de animais" (Figura 5).

O processo "Solo" inclui os fluxos de produtos que contêm fósforo através do solo e as reservas de fósforo no solo. As entradas são fósforo em (1) fertilizantes minerais, (2) resíduos compostados, (3) lamas de depuração aplicadas a terras agrícolas e (4) estrume animal aplicado a terras agrícolas ou largado em pastagens. Considera-se que as entradas de fósforo nas sementes e a deposição atmosférica são negligenciáveis. As saídas são (1) o fósforo absorvido pelas plantas, incluindo as culturas colhidas e a erva consumida através do pastoreio e (2) o fósforo perdido devido à erosão e lixiviação do solo. Considera-se que o fósforo presente nos resíduos vegetais deixados nos campos permanece no solo.

O processo "Produção vegetal" inclui uma entrada - fósforo absorvido pelas plantas: culturas colhidas (excluindo resíduos vegetais deixados nos campos) e erva consumida através do pastoreio, e três saídas: (1) fósforo em produtos vegetais exportados do sistema agrícola e (2) fósforo em forragens e (3) fósforo consumido através do pastoreio. Não se pressupõe a existência de existências.

O processo "Mercado de forragens e rações" consiste em entradas de fósforo em (1) forragens e (2) rações importadas, e saídas de fósforo consumido em rações e forragens. Não se pressupõe a existência de perdas. Não se pressupõe a existência de existências.

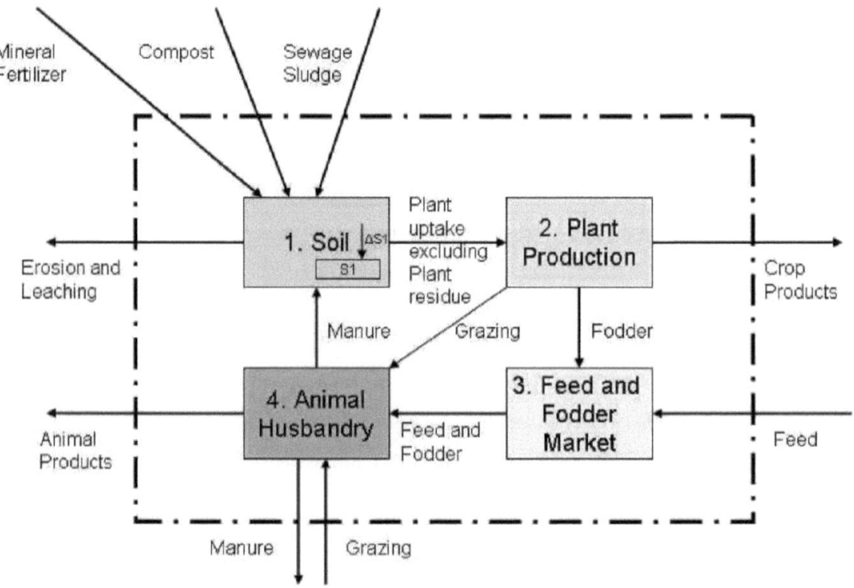

Figura 5. Sistema para análise do fluxo de fósforo à escala do concelho (desenho concetual). As caixas representam processos. As setas representam fluxos de fósforo.

O processo "Criação de animais" (Figura 6) inclui cavalos, ruminantes (bovinos, ovinos e caprinos), suínos e aves de capoeira (galinhas e frangos). Os animais de pele, os coelhos e os perus são considerados insignificantes. O processo inclui a entrada de fósforo consumido em (1) alimentos para animais e forragens e (2) através do pastoreio, tanto em terras cultivadas (dentro da área agrícola) como não cultivadas (fora da área agrícola), e as saídas: (1) estrume animal para o "solo", tanto dentro como fora da área agrícola, e (2) produtos animais: carcaças de animais abatidos, leite e ovos; enquanto a lã e as peles são consideradas negligenciáveis. A alteração das existências de fósforo no processo "Criação de animais" não foi tida em conta.

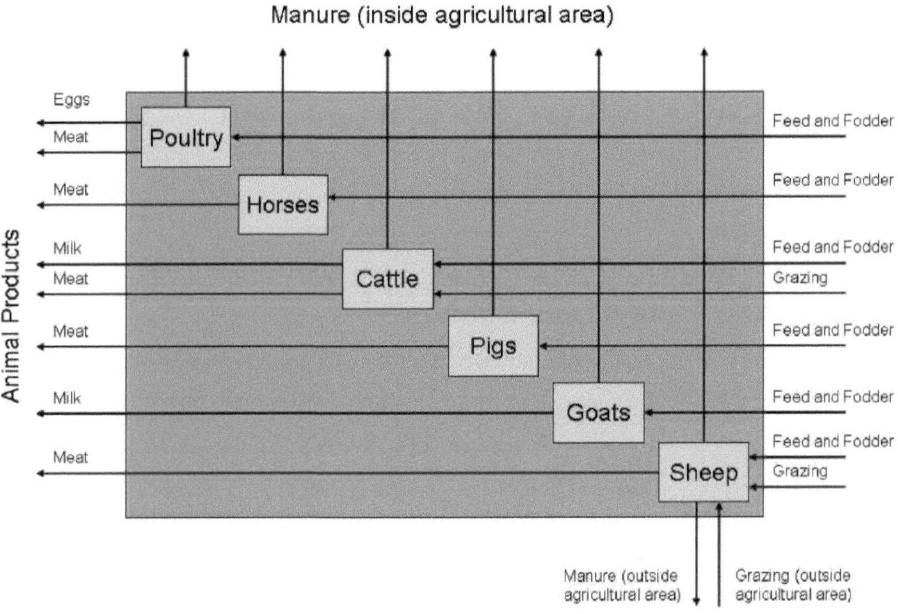

Figura 6. Subprocessos do processo "Criação de animais". As caixas representam os subprocessos (grupos de animais). As setas representam os fluxos de fósforo.

2.8. Fontes de dados e métodos de quantificação

Os dados relativos à superfície agrícola, ao rendimento das culturas e ao efetivo de animais domésticos foram recolhidos no Statistics Norway (SSB, 1974; SSB, 1974-1996; SSB, 1982; SSB, 1995; Rognstad e Steinset, 2011; SSB, 2012; StatBank, 2013). Os dados relativos às vendas de adubos minerais foram obtidos junto da Autoridade Alimentar Norueguesa (Mattilsynet, 2010; 2011; 2012; Been, 2013) e da YARA (Nyhus, 2013). Os dados relativos às vendas de concentrados de alimentos para animais e de produtos em bruto utilizados na produção de alimentos para animais foram fornecidos pela Autoridade Agrícola Norueguesa (SLF) (Breen, 2013). Os dados relativos à concentração de fósforo nas culturas, forragens e produtos animais (animais abatidos, leite e ovos) são retirados da literatura científica e das tabelas de produtos alimentares noruegueses (Antikainen et al., 2005; Matvaretabellen, 2013). A concentração de fósforo no fertilizante mineral e na ração foi calculada utilizando dados da Autoridade Alimentar Norueguesa (Mattilsynet, 2010; 2011; 2012; Been, 2013) e da Autoridade Agrícola Norueguesa (Breen, 2013), respetivamente. As necessidades nutricionais dos animais domésticos foram consultadas no Manual Veterinário Merck (Merck, 2013). Os dados sobre a excreção de fósforo no estrume animal são retirados do relatório UMB (Karlengen et al., 2012) e de várias outras fontes (Tveitnes, 1993; Bolstad, 1994; Ogaard, 2008; Knutsen e Magnussen, 2011; Nesheim et al., 2011; Daugstad et al., 2012; Bioforsk, 2013; Lovdata, 2013).

A AFM (AFS) foi utilizada para avaliar os fluxos de fósforo e as reservas de fósforo no solo. As reservas e os fluxos são expressos em kg de fósforo elementar por hectare de terreno agrícola (para as reservas) ou kg de fósforo elementar por hectare de terreno agrícola por ano (para os fluxos), salvo indicação em contrário.

2.9. Quantificação dos fluxos de fósforo

Os parâmetros, variáveis e equações utilizados para quantificar os fluxos de fósforo e o stock de solo são apresentados no Quadro 4, Quadro 5 e Quadro 6 (Apêndice 4). A solução analítica é apresentada no Apêndice 5.

2.3.1. Adubos minerais

Os dados da quantidade de fertilizantes com fósforo vendidos em 1996-2011 foram obtidos da Autoridade Alimentar Norueguesa (Mattilsynet, 2009; 2010; 2011; Been, 2013; Nyhus, 2013). As concentrações de fósforo em diferentes produtos fertilizantes calculadas com base nos dados a nível nacional da Autoridade Alimentar Norueguesa (Mattilsynet, 2009; 2010; 2011; Been, 2013; Nyhus, 2013) são apresentadas no Quadro 7 (Anexo 6). O teor de fósforo em todos os produtos fertilizantes vendidos em cada município foi calculado para cada ano de 1996 a 2011 (por exemplo, Tabela 8, Apêndice 6 para 2011) e somado para dar a entrada de fósforo com fertilizante mineral.

Não havia dados disponíveis sobre os municípios para 1950-1995. Para estimar a entrada de fósforo com fertilizantes minerais para este período, assumiu-se que a quota de cada município no consumo nacional de fertilizantes era igual à sua quota em 1996-2011 e constante ao longo do tempo: 10,6% para Akershus, 3% para Rogaland e 6,4% para Sor-Trondelag.

2.3.2. Resíduos compostados

A entrada de fósforo com resíduos compostados em 1996-2011 foi calculada utilizando os dados estatísticos de resíduos enviados para tratamento biológico (StatBank, 2013). De acordo com Briseid et al. (2010), o teor de fósforo nos resíduos alimentares é de 0,4% da matéria seca, enquanto o teor de matéria seca é de 30-40%. Por conseguinte, assumiu-se que o teor de fósforo nos resíduos orgânicos enviados para tratamento biológico era de 0,15%. Para 1950-1995, este fluxo não foi quantificado devido à indisponibilidade de dados. Contudo, pode ser considerado negligenciável devido à baixa proporção deste fluxo na entrada de fósforo no solo quantificada para 1996-2011.

2.3.3. Lamas de depuração utilizadas na agricultura

Para estimar a entrada de fósforo pelas lamas de depuração, foram utilizados os dados de descarga de fósforo por concelho para 2001-2011 (StatBank, 2013). Para 1996-2000 as descargas foram assumidas como estando no mesmo intervalo que mais tarde - 50 toneladas/ano para Akershus, 30 toneladas/ano para Rogaland, e 90 toneladas/ano para Sor-Trondelag. A remoção média de fósforo em 2011 foi de 92,27% em Akershus, 52,08% em Rogaland e 46,45% em Sor-Trondelag (Berge e Mellem, 2012). Com base nisto, 90% para Akershus, 50% para Rogaland e 45% para Sor-Trondelag foram assumidos para 1996-2010. Na Noruega, 43-64% das lamas de depuração foram utilizadas para fertilização ou melhoramento do solo durante 2001-2011 (Berge e Mellem, 2012), mas este valor pode variar de concelho para concelho. Por conseguinte, assumiu-se que 50% das lamas de depuração recolhidas foram aplicadas em terras agrícolas. Para 1950-1995, este fluxo não foi quantificado, uma vez que não estavam disponíveis dados de descarga de fósforo.

2.3.4. Estrume animal

A excreção de fósforo com o estrume foi quantificada para cada ano como um produto do número de animais (SSB, 1974; SSB, 1974-1996; SSB, 1982; SSB, 1995; StatBank, 2013) e excreção de fósforo por animal ou local do animal por ano (Karlengen et al., 2012; Bolstad, 1994) para todos os grupos de animais, exceto cordeiros. A comparação dos dados sobre a excreção de fósforo é apresentada no Quadro 9 (Apêndice 7). A quantidade de estrume de borrego é calculada de acordo com o princípio do balanço de massas como uma diferença entre as necessidades nutricionais e o fósforo nos ovinos abatidos. A idade média de abate dos borregos na Noruega é de 160 dias (Ringdal et al., 2012). O pastoreio de ovelhas em terras não cultivadas é, em média, de 3 meses (Karlengen et al., 2012). Por conseguinte, presume-se que os borregos pastam e excretam o seu estrume durante 90 dias fora das terras agrícolas e 70 dias dentro da área agrícola.

2.3.5. Perdas por erosão e lixiviação

O projeto JOVA (monitorização do solo e da água na agricultura) estimou as perdas de fósforo devido à erosão e lixiviação em 1992-2009 numa série de locais em diferentes partes da Noruega (Rod et al., 2009; Ulen et al., 2012). No entanto, os resultados de um sítio específico podem não ser representativos do concelho. Como as perdas de fósforo foram relatadas como sendo de 0,3-2,6 kg de fósforo por ha por ano (Ulen et al., 2007), ou 0,35-1,86 kg/ha por ano, ca.1±0,8 kg/ha por ano em média em 2008/2009 (Rod et al., 2009; Ulen et al., 2012), as perdas de fósforo no presente estudo foram assumidas como sendo 1 kg/ha por ano para todos os três condados ao longo de todo o período analisado 1950-2011.

2.3.6. Produtos para animais

Para 1996-2011, o fósforo em produtos animais como leite de vaca, ovos e carcaças inteiras de cavalos, bovinos, suínos, ovinos e frangos/galinhas abatidos foi calculado utilizando dados estatísticos de quantidades de produtos (StatBank, 2013) e concentrações de fósforo nestes produtos (Antikainen et al., 2005; Matvaretabellen, 2013). Os fluxos internos, como o leite fornecido diretamente aos vitelos que acaba em carne e estrume, não foram calculados separadamente. Para 1950-1995, a produção de fósforo em produtos de origem animal não foi quantificada, uma vez que os dados sobre animais abatidos não estavam disponíveis ao nível do condado.

2.3.7. Concentrados para alimentação animal

Para 1996-2011, a entrada de fósforo nos concentrados de ração foi calculada usando dados de vendas de ração por condado da Autoridade Agrícola Norueguesa (Breen, 2013) e a concentração média na ração foi estimada usando dados de produtos brutos vendidos para produção de ração da Autoridade Agrícola Norueguesa (Breen, 2013), bem como o conteúdo de fósforo nos produtos (Matvaretabellen, 2013; Nutritiondata, 2013; Stein, 2013; Tangkanakul et al., 2005; Hertrampf e Piedad-Pascual, 2000). O cálculo da concentração em concentrados de ração em 2010 é apresentado no Quadro 10 (Anexo 8). Para 1950-1995, a entrada de fósforo nos concentrados para alimentação animal não foi quantificada, uma vez que não existiam dados disponíveis a nível do condado.

2.3.8. Fósforo consumido pelos animais domésticos através de concentrados alimentares, forragens e pastagem.

A ingestão de fósforo pelos animais em 1996-2011 foi quantificada utilizando o princípio do balanço de massa como uma soma de fósforo excretado com estrume animal e fósforo em produtos animais. Não existem dados de produção animal disponíveis para 1950-1995, pelo que o consumo de fósforo foi estimado com base nas necessidades nutricionais dos animais domésticos (Heje, 1974; 1992; 2000; Volden, 2011; Merck, 2013). Assume-se que os cordeiros pastam 90 dias em terras não cultivadas e 70 dias em terras cultivadas (ver secção 2.3.4). O leite consumido dentro do processo "Criação de animais" não é contabilizado (ver secção 2.3.6).

2.3.9. Absorção pelas plantas

A absorção pelas plantas é quantificada como uma soma de fósforo no trigo, cevada, aveia, centeio e triticale, batata, forragem verde e silagem, e feno colhido (SSB, 1974; SSB, 1974-1996; SSB, 1982;

SSB, 1995; StatBank, 2013) e fósforo absorvido através do pastoreio nas terras cultivadas. Resíduos de plantas são excluídos, uma vez que se presume que são deixados nos campos. A quota-parte do pastoreio na nutrição encontra-se nos dados estatísticos (SSB, 1974; SSB, 1974-1996; SSB, 1982; SSB, 1995; StatBank, 2013; Tine, 2013) para o gado bovino, assumida como negligenciável para as cabras, uma vez que as cabras constituem uma pequena proporção do efetivo animal mesmo em Rogaland, e assumida como 50% para as ovelhas (4-5 meses em 9 meses nas terras cultivadas).

2.3.10. Alteração do stock de solo

A alteração do stock de solo para todo o período de 1950 a 2011 foi quantificada utilizando o balanço de massa

$$Soil\_phosphorus\_budget = \sum inputs - \sum outputs$$

A acumulação líquida foi quantificada como a soma de todas as alterações do stock de solo durante todo o período de 1950 a 2011.

$$Net\_accumulation = \sum_{1950}^{2011} Soil\_phosphorus\_budget$$

2.3.8. Forragens e produtos vegetais

Os fluxos de fósforo da produção vegetal para o mercado de alimentos para animais e forragens (forragens) e a exportação de produtos vegetais foram quantificados utilizando o balanço de massas para 1996-2011 (equações 3 e 2, respetivamente, quadro 6, apêndice 4). Não foi possível quantificar estes fluxos para 1950-1995 devido à ausência de dados sobre os alimentos importados.

2.10. Fósforo disponível no solo

Na Noruega, o teor de fósforo disponível para as plantas no solo é estimado utilizando o método P-AL (amónio-acetato-lactato) (Krogstad et al., 2008). Os resultados da análise P-AL foram retirados de (Krogstad, 1987) para 1960-1985 para Romerike (Akershus) e Jsren (Rogaland), e obtidos de Bioforsk Jordsdatabanken para 1988-2011 para Akershus, Rogaland e Sor-Trondelag (Gronlund, 2013).

Para converter os resultados da análise P-AL (expressos em mg de P por 100 g de solo) em stock de fósforo no solo (expresso em kg por ha), assumiu-se uma profundidade de 20 cm e uma densidade aparente do solo de 1,2 t/m^3 pelas seguintes razões A concentração de fósforo no solo diminui consideravelmente com a profundidade e é muito baixa a profundidades superiores a cerca de 15 cm (Cole et al., 1977). Isto aplica-se ao P total, ao P Mehlich III e ao teor de matéria orgânica (Curtis et al., 2010). Por conseguinte, foi escolhida a profundidade de 20 cm para a quantificação do stock de fósforo no solo . Os valores da densidade aparente do solo de diferentes fontes de dados variam consideravelmente: 1,1 t/m^3 para argila, 1,3 para argila siltosa, 1,4 para argila, 1,6 para solo arenoso (Agriinfo, 2013), 1,2 t/m^3 para terra solta (Engineering toolbox, 2013), 9651035 kg/m^3 para solo de pastagem (Stroia et al, 2007), 800 kg/m^3 para os 25 cm superiores de terrenos agrícolas (Johnston e Steen, 2000; Liu et al., 2008), 1,2-1,3 t/m^3 para solos noruegueses médios (Bleken, 2012; Krogstad, 2013). Aqui a densidade aparente do solo é assumida como sendo 1200 kg/m^3. Assim, os 20 cm superiores conterão, em média, 2,4 Kt de solo.

2.11. Propagação de incertezas

As informações utilizadas para a modelação dos fluxos de fósforo no presente estudo provinham de diferentes fontes e eram de qualidade diferente. Para ter em conta as diferenças na qualidade da informação, foi calculado o desvio padrão para cada um dos parâmetros, com base nos pressupostos sobre erros relativos. A maioria dos dados estatísticos (superfície agrícola, utilização de fertilizantes fosfatados, resíduos enviados para tratamento biológico, descarga de fósforo na água, efetivo animal, animais abatidos, colheita de culturas, alimentos vendidos) foi considerada relativamente certa, bem como o teor de matéria seca e o teor de fósforo nas culturas. Para estes parâmetros, os erros relativos foram fixados em 10%. Parâmetros como a remoção de fósforo pelo tratamento de águas residuais, a proporção de lamas de depuração utilizadas na agricultura, as concentrações de fósforo nos animais, nos alimentos para animais e nos resíduos e a excreção de fósforo com o estrume, incluíam uma série de pressupostos e alguma agregação. Para estes parâmetros, o erro relativo foi fixado em 20%. Para os dados relativos às necessidades de nutrientes que não eram específicos do país e nem sempre específicos do país e do tempo, os erros relativos foram fixados em 30%. As necessidades de nutrientes dos borregos eram as mais incertas; para estas, assumiu-se um erro relativo de 50%. Como as perdas norueguesas de fósforo por erosão foram de 1±0,8 kg/ha por ano (Rod et al., 2009; Ulen et al., 2012), utilizou-se 1 kg/ha-ano como valor médio com um erro relativo de 80%.

Para incorporar a propagação de incertezas nos resultados calculados da AMF, foi utilizada a abordagem numérica (simulação de Monte-Carlo). Os valores a priori e as incertezas dos fluxos de fósforo e do stock de solo foram calculados com base no valor médio e no desvio padrão de cada parâmetro. Assumiu-se uma distribuição de probabilidade normal e foram utilizadas 2000 iterações.

3. RESULTADOS

3.7. Análise do fluxo de fósforo em três regiões norueguesas com diferentes sistemas de produção agrícola

Os fluxos de fósforo e a alteração do stock de solo para três condados noruegueses são apresentados na Figura 7. Os resultados médios para 1997-1999 mostram que, nas três áreas, as principais importações para os sistemas agrícolas regionais foram fertilizantes minerais (18,8 kg/ha-ano em Akershus, 10,6 kg/ha-ano em Sor-Trondelag, 4,6 kg/ha-ano em Rogaland) e concentrados para alimentação animal (4,7 kg/ha-ano em Akershus, 10,6 kg/ha-ano em Sor-Trondelag, 22,3 kg/ha-ano em Rogaland). As principais exportações foram os produtos vegetais (10,3 kg/ha-ano em Akershus, 2,7 kg/ha-ano em Sor-Trondelag, 4,0 kg/ha-ano em Rogaland) e os produtos animais (1,4 kg/ha-ano em Akershus, 3,7 kg/ha-ano em Sor-Trondelag, 5,6 kg/ha-ano em Rogaland). Para Rogaland, os fluxos de fósforo consumido através do pastoreio e excretado com estrume fora das terras agrícolas ("utmark") foram também bastante elevados (2,4 kg/ha-ano e 1,6 kg/ha-ano, respetivamente). A entrada mais importante de fósforo no solo, para além dos fertilizantes minerais, foi o estrume animal (5,7 kg/ha-ano em Akershus, 18,6 kg/ha-ano em Sor-Trondelag, 29,0 kg/ha-ano em Rogaland). As entradas com resíduos compostados e lamas de depuração podem ser consideradas negligenciáveis, uma vez que são ambas inferiores a 1 kg de fósforo por ha e por ano. A produção mais importante foi a absorção pelas plantas (12,5 kg/ha-ano em Akershus, 14,2 kg/ha-ano em Sor-Trondelag, 15,6 kg/ha-ano em Rogaland). O principal fator de produção da pecuária foi a alimentação e as forragens (6,2 kg/ha-ano em Akershus, 18,0 kg/ha-ano em Sor-Trondelag, 27,5 kg/ha-ano em Rogaland), sendo o pastoreio também importante em Sor-Trondelag (4,1 kg/ha-ano) e Rogaland (6,3 kg/ha-ano).

Registaram-se diferenças notáveis nos fluxos em função do tipo de sistema de produção agrícola da região. Akershus, uma região onde predomina a produção vegetal, registou a maior entrada de fertilizantes minerais e a menor entrada de estrume animal no solo. A entrada de concentrados para alimentação animal foi a mais baixa, enquanto a produção de produtos vegetais foi a mais elevada neste condado. Rogaland, a zona com a maior densidade pecuária, registou a menor entrada de fertilizantes minerais e a maior entrada de estrume animal no solo. As entradas com concentrados alimentares (22,3 kg/ha-ano) e através do pastoreio (6,3 kg/ha-ano nas terras cultivadas + 2,4 kg/ha-ano nas terras não cultivadas) foram superiores às de Akershus (4,7 kg/ha-ano e 0,8 kg/ha-ano, respetivamente) e Sor-Trondelag (10,6 kg/ha-ano e 4,1 kg/ha-ano, respetivamente). Mais de 80% do fósforo absorvido pelas plantas em Akershus, menos de 20% em Sor-Trondelag e 25% em Rogaland foi exportado como produtos vegetais.

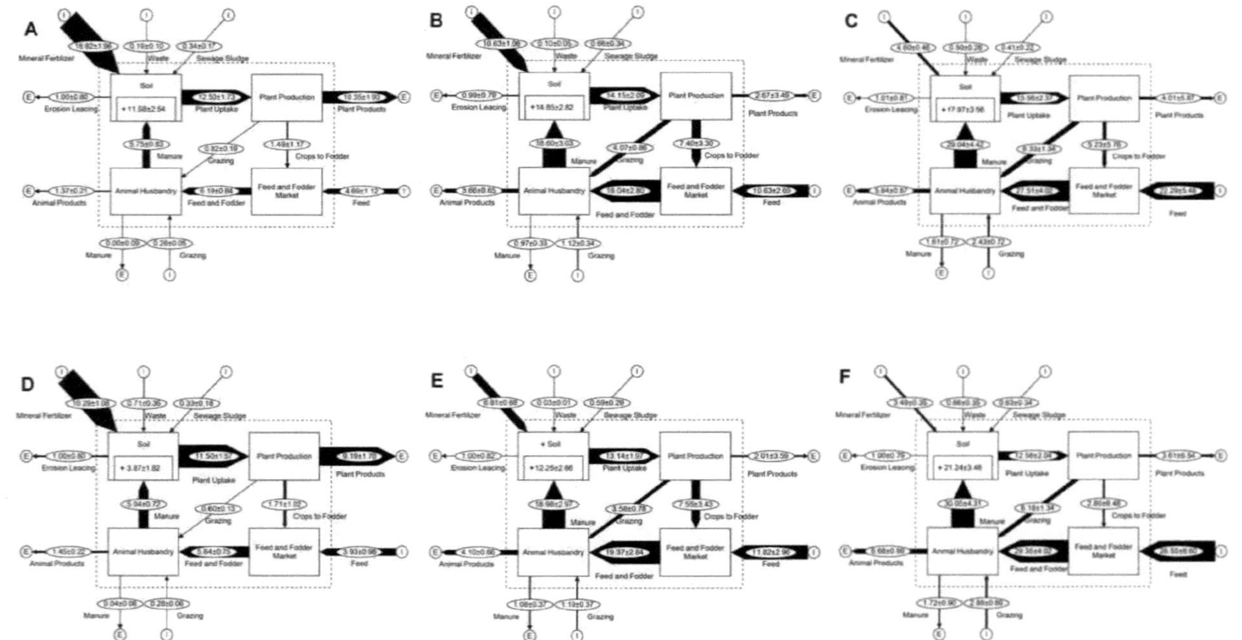

Figura 7. Fluxos de fósforo e stock de solo em três regiões norueguesas diferentes (A, D - Akershus; B e E - Ssr-Trondelag; C e F - Rogaland). Todos os valores em kg de fósforo por ha por ano, média de 3 anos (A, B, C - 1997-1999; D, E, F - 2009-2011).

Quadro 1. Comparação dos principais fluxos de fósforo e da alteração das reservas de fósforo no solo em Akershus, Sor-Trondelag e Rogaland entre dois momentos.

Flux/stock	Akershus			Sor-Trondelag			Rogaland			Unit
	1997-1999	2009-2011	Change	1997-1999	2009-2011	Change	1997-1999	2009-2011	Change	
Mineral Fertilizer	18.8	10.3	-45%	10.6	6.8	-36%	4.6	3.5	-24%	kg P/ha-yr
Crop Yield	12.5	11.5	-8%	14.1	13.1	-7%	15.6	12.6	-19%	kg P/ha-yr
Crop Products	10.3	9.2	-11%	2.7	2.0	-25%	4.0	3.6	-10%	kg P/ha-yr
Crops to local Fodder Market	1.5	1.7	15%	7.4	7.5	+2%	5.2	2.8	-46%	kg P/ha-yr
Imported Fodder to local Fodder Market	4.7	3.9	-16%	10.6	11.8	+11%	22.3	26.5	+19%	kg P/ha-yr
Grazing (uncultivated land)	0.3	0.3	+8%	1.1	1.2	+6%	2.4	2.9	19%	kg P/ha-yr
Grazing (cultivated land)	0.7	0.6	-9%	4.1	3.6	-12%	6.3	6.2	-2%	kg P/ha-yr
Fodder to Animal Production	6.2	5.6	-9%	18.0	19.4	+7%	27.5	29.3	+7%	kg P/ha-yr
Animal Manure to Soil (cultivated land)	5.7	5.0	-12%	18.6	19.0	+2%	29.0	30.0	+3%	kg P/ha-yr
Animal Products	1.4	1.4	+6%	3.7	4.1	+12%	5.6	6.7	+18%	kg P/ha-yr
Soil Stock Change	11.6	3.9	-67%	14.8	12.2	-18%	18.0	21.2	+18%	kg P/ha-yr

O orçamento de fósforo do solo foi positivo nos três condados em ambos os períodos (1997-1999 e 2009-2011) e variou consoante o sistema de produção agrícola. Foi de 11,6 kg/ha-ano em Akershus, 14,8 kg/ha-ano em Sor-Trondelag e 18,0 kg/ha-ano em Rogaland. Devido à aplicação prolongada de fertilizantes minerais em quantidades superiores à absorção pelas plantas (de 1950 a 2007, dados não apresentados), a maior acumulação líquida no solo registou-se em Akershus (cerca de 930 kg/ha em 1997-1999). Rogaland registou uma acumulação líquida muito inferior (cerca de 480 kg/ha).

A comparação entre os fluxos de fósforo médios para 1997-1999 e 2009-2011 (Figura 7, Tabela 1) revela o desenvolvimento da agricultura nestes três condados nos últimos anos. A mudança mais notável é uma diminuição no uso de fertilizantes minerais em 45% em Akershus, 36% em Sor-Trondelag e 24% em Rogaland. A utilização de concentrado alimentar continua a ser elevada em Sor-Trondelag e Rogaland, onde aumentou 11% e 19%, respetivamente. Em Akershus, o orçamento do fósforo no solo é atualmente 3 vezes inferior ao de há 12 anos, principalmente devido à redução da utilização de fertilizantes minerais e a uma diminuição de 12% do fósforo no estrume, embora a produção do solo através da absorção pelas plantas tenha diminuído 8%. A importação de concentrados para alimentação animal e a exportação de produtos vegetais diminuíram 16% e 11%, respetivamente. Em Sor-Trondelag, o orçamento do solo também diminuiu, embora não tanto - 18%, devido à diminuição da utilização de fertilizantes. Este efeito foi parcialmente compensado pela diminuição de 7% na absorção pelas plantas. A produção de produtos vegetais diminuiu, mas a produção de produtos animais aumentou. E a entrada de concentrados para alimentação animal aumentou 11%. Rogaland é a região onde o orçamento do solo está a aumentar. A média do orçamento de fósforo do solo para 2009-2011 é 18% superior à registada 12 anos antes. A quantidade de fósforo absorvida pelas plantas diminuiu 19%; a maior parte é utilizada na produção de forragens para animais ou consumida através do pastoreio. As importações de fósforo através de concentrados para alimentação animal aumentaram 19% e o contributo total para a produção animal através de alimentos para animais, forragens e pastagem aumentou 7%. A produção de produtos de origem animal registou um aumento de 18%. O consumo, a deposição e a excreção de fósforo pelas diferentes categorias de animais em ambos os períodos são apresentados no Quadro 11 (Apêndice 9).

3.2. Orçamentos de fósforo a longo prazo das regiões norueguesas

As alterações a longo prazo no orçamento de fósforo no solo (entrada menos saída) ao longo dos anos em Akershus, Sor-Trondelag e Rogaland são mostradas na Figura 8. Nos três condados, o orçamento estava a aumentar até meados da década de 1970, depois estabilizou e diminuiu de meados da década de 1980 a meados da década de 1990. Após meados da década de 1990, o orçamento continua a diminuir em Akershus, estabilizou em Sor-Trondelag e aumentou em Rogaland.

A produção não sofreu grandes alterações ao longo do tempo e o padrão orçamental segue mais ou menos o padrão das entradas, ou seja, o aumento do orçamento coincide com o aumento das entradas e a diminuição do orçamento coincide com a diminuição das entradas (figura 9). A diminuição dos factores de produção desde meados da década de 1980 coincide com a diminuição da utilização de fertilizantes minerais (figura 10). As entradas continuam a diminuir em Akershus - a região com produção vegetal dominante - uma vez que a utilização de fertilizantes minerais continua a diminuir. Ao mesmo tempo, a entrada de fósforo com estrume está a aumentar em Rogaland - área com elevada densidade pecuária, e em Sor-Trondelag - condado com sistema agrícola misto (Figura 10). A crescente utilização de estrume compensa a diminuição da utilização de fertilizantes minerais em Sor-Trondelag e ultrapassa-a em Rogaland.

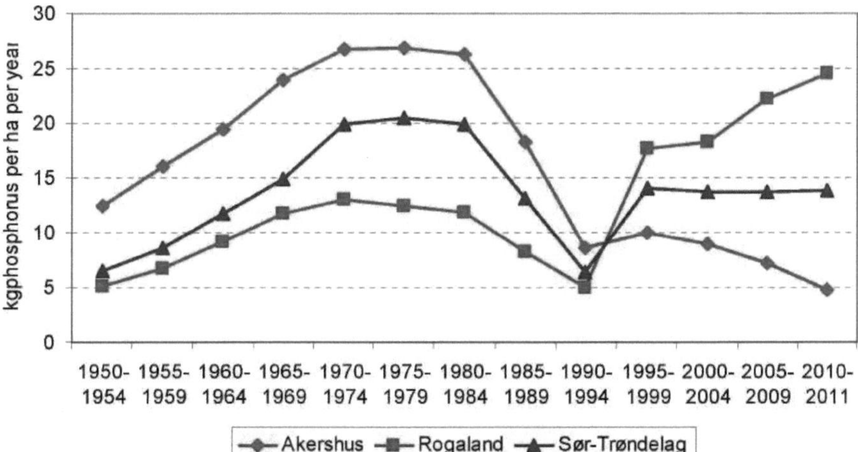

Figura 8. Orçamento de fósforo no solo (entrada menos saída) em terras agrícolas em três condados noruegueses em 1950-2011. Cada ponto de dados corresponde a uma média de 5 anos. O mínimo registado durante 1990-1994 pode ser o resultado da mudança para uma produção animal mais intensiva ou da contabilização de mais grupos de animais nas estatísticas desde esse período.

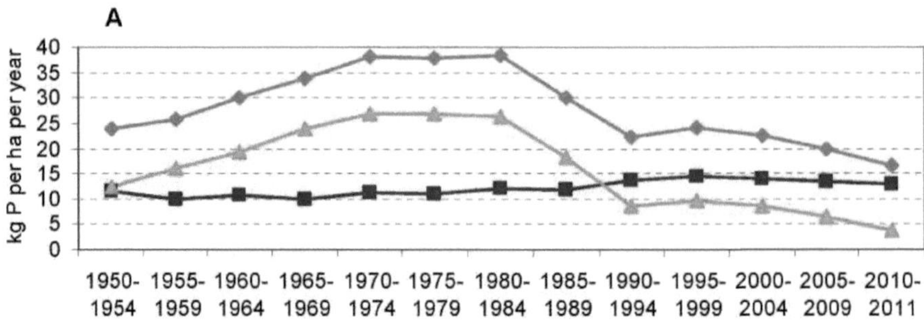

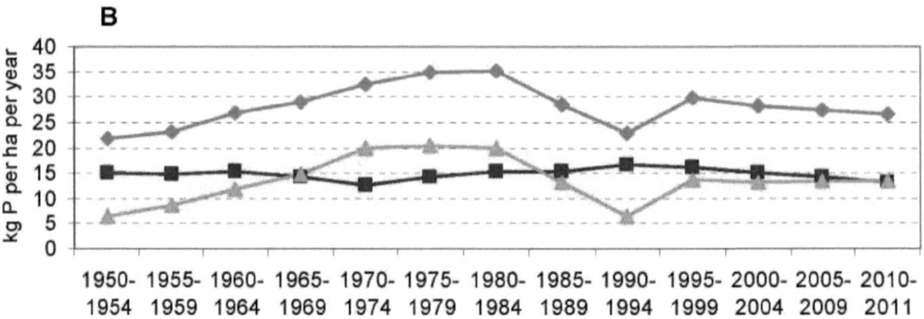

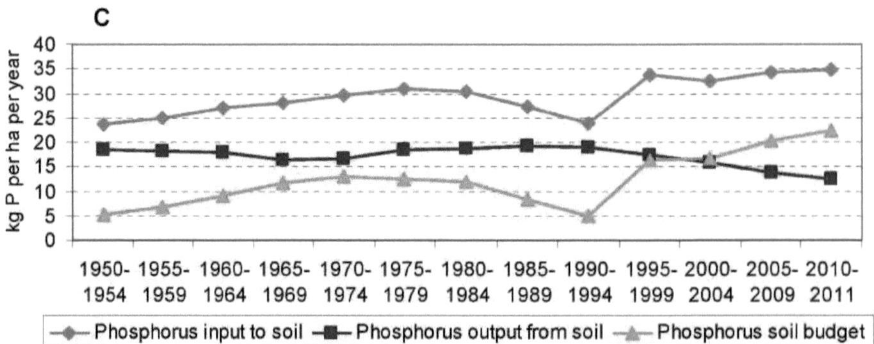

Figura 9. Fluxos e orçamentos de fósforo a longo prazo em solos agrícolas de Akershus (A), Sor-Trondelag (B) e Rogaland (C). A entrada é a soma da quantidade de fósforo em fertilizantes minerais, estrume animal, resíduos compostados e lamas de depuração; a saída é a soma da remoção de fósforo através da absorção pelas plantas e das perdas devidas à erosão e lixiviação; o orçamento é a diferença entre a entrada e a saída. Cada ponto de dados corresponde a uma média de 5 anos.

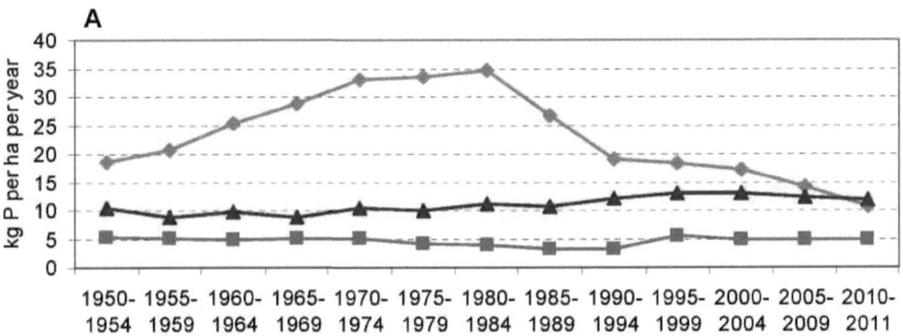

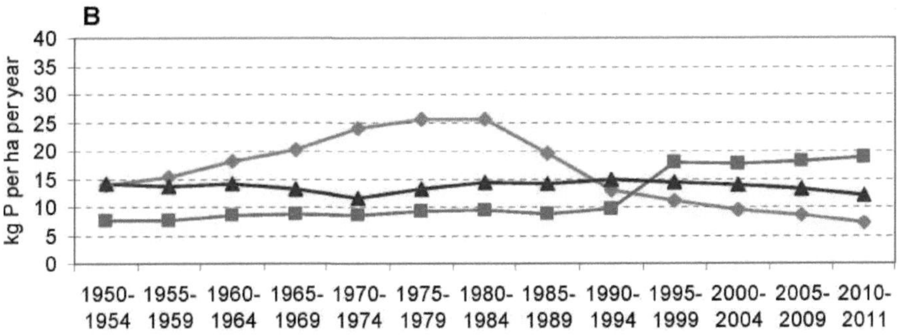

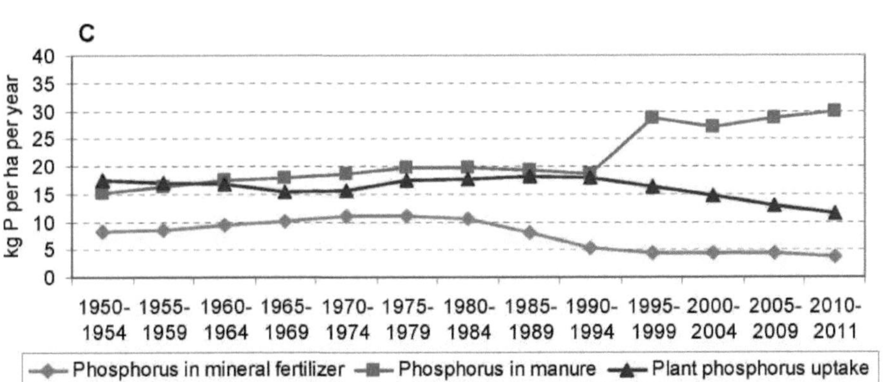

Figura 10. Principais fluxos no solo agrícola de Akershus (A), Sor-Trondelag (B) e Rogaland (C) de 1950 a 2011. Cada ponto de dados corresponde a uma média de 5 anos.

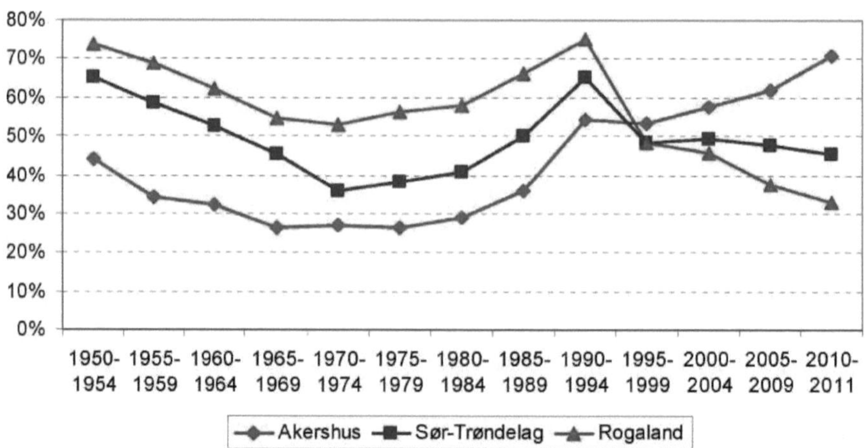

Figura 11. Alterações na eficiência do fósforo no solo ao longo do tempo. Cada ponto de dados é a média de 5 anos. O pico de eficiência em 1990-1994 coincide com o orçamento mínimo (Figura 8).

As alterações a longo prazo na eficiência do fósforo no solo (absorção pelas plantas dividida pela soma de todos os influxos para o solo) em Akershus, Sor-Trondelag e Rogaland (Figura 11) reflectiram inversamente as alterações no orçamento do fósforo no solo durante o mesmo período (Figura 8): quanto maior o influxo e, consequentemente, o orçamento do solo, menor a eficiência do fósforo no solo. O pico de eficiência (Figura 11) em 1990-1994 coincide com o orçamento mínimo (Figura 8). Desde meados da década de 1990, a eficiência mais elevada é observada em Akershus e a mais baixa em Rogaland.

3.3. Acumulação de fósforo no solo e ensaio de fósforo no solo

A acumulação líquida de fósforo a longo prazo no solo agrícola é apresentada na Figura 12. A acumulação mais elevada desde 1950, mais de 1000 kg de fósforo por hectare em 2011, verifica-se em Akershus, principalmente devido à aplicação de fertilizantes minerais a longo prazo em grandes quantidades, com excesso de absorção pelas plantas. Em Sor-Trondelag, a acumulação líquida de fósforo no solo agrícola é superior a 800 kg/ha e, em Rogaland, cerca de 700 kg/ha em 2011. Não existem dados sobre o fósforo total no solo, pelo que a acumulação líquida calculada é considerada como o limite inferior do teor total de fósforo e é comparada com os resultados do ensaio de fósforo no solo P-AL (figura 12).

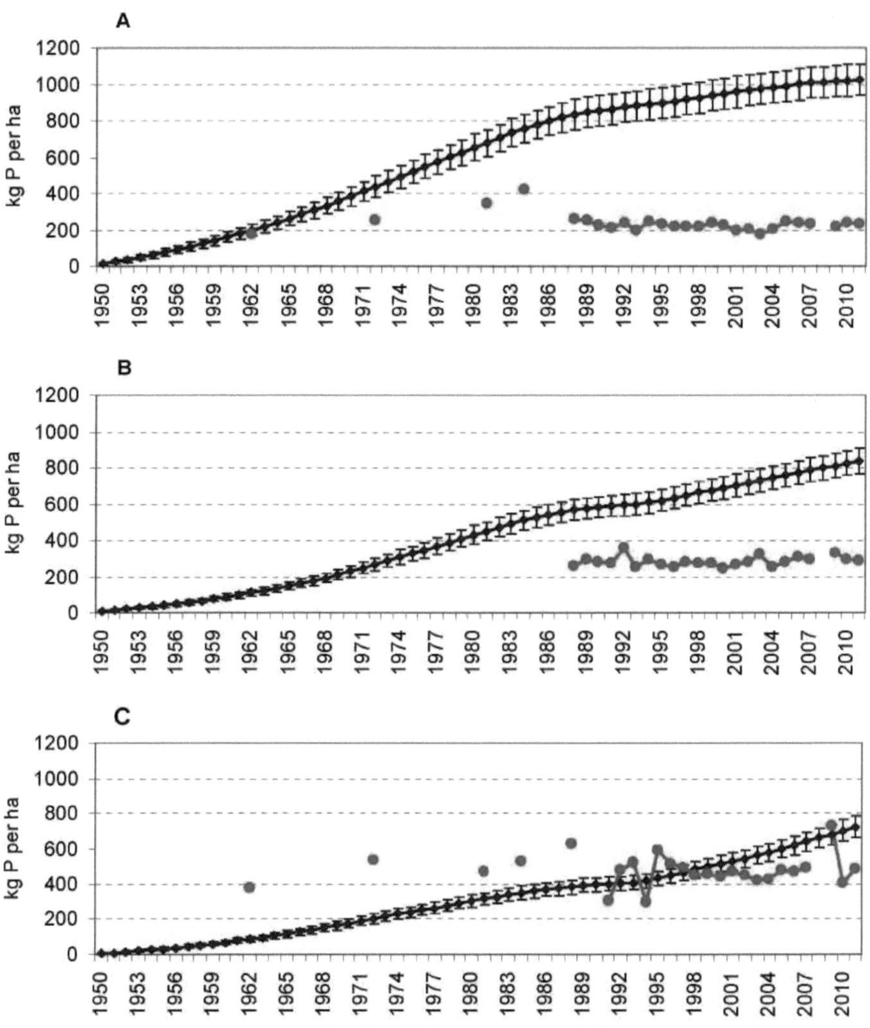

Figura 12. Acumulação de fósforo no solo e resultados do teste de fósforo no solo P-AL em três condados noruegueses para os anos 1950-2011. A - Akershus, B - S0r-Tr0ndelag, C - Rogaland. As barras de erro são apresentadas para um intervalo de confiança de 95%. Dados P-AL para 1960-1985 de Krogstd et al., 1987; para 1988-2011 de Jordsdatabanken (Gronlund, 2013).

Os gráficos demonstram que o teor de fósforo disponível, de acordo com a medição de P-AL, foi mais ou menos estável durante todo o período de monitorização e não reflectiu o aumento da acumulação no solo. Durante os últimos cinco anos (2007-2011), o teste P-AL mostrou cerca de 22±1% de acumulação líquida em Akershus em 2007-2011, 37±3% em Sor-Trondelag e 77±21% em Rogaland.

4. DEBATE E PERSPECTIVAS

4.1. Incertezas

As fontes de incertezas incluem variações no teor de fósforo do material, erros na estimativa do fluxo de material e subestimação ou sobreestimação das perdas por erosão e lixiviação, em que só se pode ter a certeza da ordem de grandeza. Além disso, a consistência das bases de dados estatísticos não pode ser verificada. Para minimizar a influência destas incertezas, os caudais foram cruzados sempre que possível. A fim de ter em conta as variações na qualidade dos dados, foi efectuada uma propagação da incerteza. As maiores incertezas foram observadas em caudais menores ou em caudais que não influenciam as principais conclusões do presente estudo.

4.2. Alterações nos fluxos e no orçamento de fósforo ao longo do tempo

A utilização de fertilizantes minerais estava a diminuir desde meados da década de 1980, principalmente devido a preocupações ambientais, e diminuiu drasticamente durante os últimos anos devido a alterações na recomendação de fertilização, uma vez que a estratégia de fertilização com fósforo equilibrado foi introduzida em 2007-2008 em muitas áreas na Noruega (Krogstad et al., 2008). Pode haver outras razões, como o aumento dos preços dos fertilizantes inorgânicos, medidas de redução dos custos de produção ou melhoria da estratégia de fertilização, como, por exemplo, em França (Senthilkumar et al., 2012b).

A comparação dos fluxos de fósforo a nível regional com base no sistema de produção agrícola dominante mostrou diferenças notáveis entre os orçamentos regionais de fósforo do solo num país. Na região de produção vegetal (Akershus), os principais fluxos de fósforo são a absorção pelas plantas, os fertilizantes minerais e os produtos vegetais (Figura 7D). A utilização de fertilizantes inorgânicos diminuiu drasticamente nos últimos anos, mas continua a ser superior a 10 kg/ha, o que é mais elevado do que a média nacional, que é de cerca de 8 kg de fósforo por hectare de área agrícola total utilizada, embora para as terras aráveis seja de 13 kg/ha (Ulen et al., 2007). O orçamento de fósforo do solo diminuiu por um fator de 3 na última década, pelo que se pode esperar um orçamento equilibrado no futuro próximo. No entanto, esta região está fortemente dependente da utilização de fertilizantes minerais.

Em Rogaland, onde predomina a criação de animais, os fluxos mais importantes são os dos alimentos para animais e forragens (especialmente os importados), do estrume animal e da absorção vegetal (Figura 7F). O orçamento do solo está a aumentar desde meados da década de 1990, quando a entrada de estrume vegetal excedeu a absorção vegetal (Figura 10C).

No entanto, apesar de as entradas de estrume serem mais do que suficientes para compensar a absorção pelas plantas, a utilização de fertilizantes minerais continua a ser de 3,5 kg/ha. A absorção pelas plantas está a diminuir continuamente durante as últimas décadas (Figura 10C), enquanto a entrada de concentrados para alimentação animal está a aumentar (Figura 7C e 7F). Rogaland é uma região com a maior acumulação de fósforo excretado com estrume - 30 kg/ha-ano, enquanto a média nacional é de 12 kg/ha (Ulen et al., 2007), e é altamente dependente da entrada de concentrados para alimentação animal.

Sor-Trondelag, uma zona de agricultura mista, combina caraterísticas de zonas de produção vegetal e de produção animal. Os fluxos dominantes são as rações e forragens, o estrume animal, a absorção de plantas e, em menor grau, os fertilizantes minerais (Figura 7E). A utilização de fertilizantes inorgânicos diminuiu nos últimos anos, mas continua a ser de 6,8 kg/ha. Nesta região, a introdução de fósforo no solo através de estrume animal é mais do que suficiente para compensar o fósforo retirado do solo pela absorção pelas plantas. A necessidade de aplicação de fertilizantes minerais pode ser questionável, uma vez que poderia ser substituída por estrume produzido na região. No entanto, dificuldades técnicas, em primeiro lugar a segregação geográfica das explorações agrícolas e pecuárias, mesmo dentro do município, impedem a substituição de fertilizantes inorgânicos importados por estrume. Praticamente todas as culturas produzidas em Sor-Trondelag são utilizadas localmente para forragem animal (Figura 7E). No entanto, as forragens produzidas localmente não são suficientes - a região depende da entrada de concentrados para alimentação animal, tal como Rogaland.

O mesmo padrão foi observado anteriormente em quatro regiões francesas: orçamento quase equilibrado e elevada dependência de fertilizantes minerais na região de produção vegetal (Centro), elevada acumulação devido a estrume animal e utilização de fertilizantes ainda não nula na região de produção animal (Bretanha) e substituição não completa de fertilizantes minerais por estrume animal na região de agricultura mista (Lorena e Aquitânia) (Senthilkumar et al., 2012b).

4.3. A importância do teste de fósforo no solo para a avaliação da acumulação de fósforo no solo

Os resultados da monitorização do teor de fósforo disponível no solo com o teste P-AL (Krogstad et al., 2008, Gronlund, 2013) não reflectiram o aumento da acumulação no solo durante o longo período (Figura 12). Isto pode indicar que uma grande proporção do fósforo acumulado é transferida para uma forma indisponível (reserva de fósforo "fixa"). No entanto, o orçamento de fósforo pode ter sido sobrestimado neste estudo. Em primeiro lugar, a produção com a absorção pelas plantas pode estar subestimada. O cálculo incluiu a absorção pelas plantas das principais culturas - trigo, cevada, aveia, centeio e triticale - e forragem verde, silagem e feno. Não foram tidos em conta os produtos hortícolas, os frutos e as bagas. Além disso, os dados estatísticos relativos às forragens verdes, à silagem e ao feno podem ser inferiores à colheita efectiva, devido a grandes perdas durante a colheita e a conservação (Bleken e Bakken, 1997). As perdas devidas à erosão e à lixiviação podem ser mais elevadas do que se supõe, uma vez que variam consideravelmente de local para local (Ulen et al., 2007; Rod et al., 2009; Ulen et al., 2012). Uma parte do excedente de fósforo pode ser transferida para o subsolo devido ao movimento descendente do fósforo (Oehl et al., 2002; Rubsk e Hekrath, 2008). No entanto, quando não se observa uma acumulação significativa de fósforo no horizonte inferior do solo, a explicação mais provável é a "fixação" do fósforo - conversão para uma forma não extraível (McCollum, 1991).

Atualmente (2007-2011), o teste de solo P-AL mostra cerca de 22% de acumulação líquida em Akershus em 2007-2011, 37% em Sor-Trondelag e 77% em Rogaland. A disponibilidade de fósforo no solo depende das propriedades da fonte de fósforo aplicada ao solo e não da quantidade total de fósforo adicionado (Ebeling et al., 2003b). Os resultados mais elevados do ensaio P-AL em Rogaland, a região com o menor stock acumulado no solo, podem ser explicados pela maior disponibilidade de fósforo proveniente do estrume. O teor total de fósforo no estrume pode variar muito, mas quase 70% do fósforo no estrume está disponível (Dou et al., 2000; Shen et al., 2011). Embora 50-90% do fósforo do estrume seja inorgânico (Dou et al., 2000; Shen et al., 2011), o elevado teor de matéria orgânica, especialmente devido à aplicação de estrume, aumenta a disponibilidade de fósforo no solo (Ebeling et al., 2003a).

4.4. Possíveis implicações para a gestão do fósforo

O presente estudo mostrou a relevância dos principais problemas relativos à utilização do fósforo para a situação da agricultura norueguesa. A área de produção agrícola (Akershus) está fortemente dependente da utilização de fertilizantes minerais. A zona de elevada densidade pecuária (Rogaland) está fortemente dependente da importação de alimentos para animais e, ao mesmo tempo, acumula fósforo no solo a uma taxa crescente. Mesmo uma zona com um sistema de produção relativamente misto (Sor-Trondelag) depende da importação de fertilizantes minerais e de alimentos para animais e acumula fósforo no solo. Assim, a agricultura norueguesa contribui para o problema global de esgotamento dos recursos de fósforo e para os problemas locais de diminuição da qualidade da água devido ao escoamento excessivo de fósforo. Este sistema de produção é insustentável no que respeita ao fósforo (Schroder et al., 2010) e necessita de um ajustamento das entradas às saídas. É necessária uma gestão adequada do ciclo do fósforo agrícola.

No que respeita aos fertilizantes minerais, as principais estratégias para mitigar a escassez de recursos são preços mais elevados, uma utilização mais eficiente dos recursos, a introdução de alternativas e a recuperação dos recursos após a sua utilização (Cordell et al., 2009). As medidas adoptadas com vista a reduzir a utilização de fertilizantes minerais enfrentaram uma série de desafios. A utilização liberal de fertilizantes fosfatados foi sempre motivada por preocupações com a diminuição do rendimento das culturas e as perdas económicas daí resultantes (Schroder et al., 2010). Além disso, os agricultores não acreditavam facilmente que a utilização de fertilizantes pudesse afetar massas de água distantes (Schroder et al., 2010), pois consideravam o fertilizante como um produto útil para obter rendimentos elevados e para construir o solo para o futuro. Os agricultores noruegueses reagiram negativamente a medidas destinadas a diminuir a utilização de fertilizantes, como o imposto ambiental sobre os fertilizantes, embora tenham sido bastante positivos em relação ao imposto ambiental sobre os pesticidas (Vedeld, 2002). No entanto, em zonas com elevado teor de fósforo no solo, não há necessidade de utilizar fertilizantes em excesso (Krogstad et al., 2008). A aplicação de fertilizantes perto das raízes das plantas no período de maior procura das culturas ou mais frequentemente, mas com quantidades menores, pode reduzir as perdas e aumentar a eficiência (Tilman et al., 2002). A capacidade das plantas de absorver ou utilizar o fósforo varia de acordo com o genótipo, e a capacidade de absorção das plantas pode ser aumentada pela simbiose com fungos miccorrizicos (Schroder et al., 2011). Portanto, para aumentar a eficiência do fertilizante mineral, podem ser utilizados diferentes métodos de colocação de fertilizantes, bem como culturas melhoradas e micorrizas.

A utilização mais eficiente inclui a redução de perdas, o que também é altamente desejável do ponto de vista ambiental. As práticas de gestão do solo que são eficientes na redução das perdas de fósforo são a diminuição da lavoura de outono, o cultivo de culturas secundárias e a implementação de zonas húmidas construídas (Bechmann et al., 2008). A lavoura sem arado pode reduzir as perdas totais de fósforo por escoamento em 10-80% em comparação com a lavoura convencional (Ulen et al., 2010). No entanto, a gestão da eutrofização baseada no controlo do fósforo não resultou na melhoria esperada da qualidade da água após mais de duas décadas de redução da entrada de fósforo (Jarvie et al., 2013). As práticas de lavoura reduzida e de plantio direto que são usadas para controlar as perdas de fósforo por erosão têm seus trade-offs. Podem conduzir a maiores perdas de fósforo dissolvido por escoamento superficial. O controlo da poluição difusa por fósforo nas zonas com elevado teor de fósforo dissolvido deve basear-se, em primeiro lugar, na redução da acumulação de fósforo no solo (Kleinman et al., 2011).

A utilização de fertilizantes minerais foi reduzida em muitas áreas de produção agrícola e, atualmente, a principal preocupação é a entrada de fósforo no estrume. Atualmente, um orçamento positivo elevado de fósforo provém normalmente de resíduos animais em regiões com elevada densidade pecuária e terras agrícolas insuficientes para espalhar o estrume produzido (MacDonald et al., 2011). Em Rogaland, o orçamento de fósforo do solo está a aumentar desde meados da década de 1990. A acumulação de estrume pode aumentar as entradas de fósforo nas águas de superfície. Por exemplo, no condado de Feixi, na China Central, a perda de fósforo para a água foi superior à entrada de fósforo no solo com estrume animal (Wu et al., 2012). As medidas possíveis para evitar as consequências da acumulação de estrume incluem a exportação de estrume, o ajustamento da dieta do gado e a redução da densidade do gado.

A reciclagem do fósforo do estrume de áreas com elevada densidade pecuária para áreas de produção agrícola foi sugerida tanto à escala nacional como global (MacDonald et al., 2011; Bateman et al., 2011). A exportação de estrume de zonas de produção animal pode aliviar a acumulação de fósforo. Nas zonas de produção de culturas (como Akershus), o estrume importado pode substituir a utilização de fertilizantes minerais. No entanto, a exportação de estrume pode enfrentar uma série de desafios. Atualmente, não parece ser rentável do ponto de vista económico, uma vez que o fertilizante mineral é relativamente barato e fácil de utilizar, enquanto o estrume é volumoso e difícil de transportar. Até ao ano de 2008, os preços dos fertilizantes minerais eram demasiado baixos para estimular a produção e a utilização de fertilizantes renováveis (Cordell et al., 2012). Além disso, pode considerar-se que a qualidade dos produtos à base de resíduos é baixa (Schroder et al., 2010). As pessoas podem ter relutância em comprar produtos alimentares que tenham sido cultivados com estrume devido, por exemplo, à crença no perigo de agentes patogénicos. No entanto, se o estrume animal for tratado por compostagem ou utilizado para a produção de biogás, o composto resultante ou o condicionador do solo já não representará um perigo para os agentes patogénicos. A utilização de estrume tratado como fertilizante pode reduzir a dependência do fornecimento de fertilizantes minerais e permitirá fechar o ciclo do fósforo onde a produção animal e a produção vegetal são espacialmente combinadas (Tilman et al., 2002). As zonas de agricultura mista, como Sor-Trondelag, são as mais susceptíveis de conseguir a substituição de fertilizantes minerais por estrume. No entanto, atualmente, o tratamento de resíduos e a aplicação de produtos à base de resíduos não estão optimizados para uma elevada eficiência de reciclagem de fósforo (Boen e Gronlund, 2008). Uma das soluções possíveis pode ser a separação da fração sólida rica em fósforo da fração líquida rica em azoto (Christensen et al. 2009; Cordell et al., 2012). Isto facilitará o transporte e tornará mais fácil a distribuição e a dosagem de nutrientes. Quando a exportação de estrume ou a transformação de estrume não são viáveis, deve ser considerada a produção no local de concentrados para alimentação animal (Hermans e Vereijken,

1995), mas será necessária uma área suficiente para a produção de plantas.

Outra opção é o ajustamento da dieta animal. A utilização de fósforo na dieta dos animais pode muitas vezes exceder as necessidades nutricionais. Nas explorações leiteiras dos EUA, a dieta das vacas leiteiras contém frequentemente 20-25% de fósforo em excesso (Toor et al., 2005). A redução do fósforo na alimentação animal resultaria numa redução da excreção de fósforo no estrume e, consequentemente, numa menor acumulação de fósforo no solo e em potenciais perdas de fósforo para a água (Toor et al., 2005). O aumento do fósforo inorgânico na dieta do gado leiteiro pode aumentar a disponibilidade de fósforo no estrume (Ebeling et al., 2003b), pelo que a utilização de diferentes componentes da dieta pode resultar em estrume com as propriedades desejadas. Os suplementos de fitase na dieta de suínos e aves de capoeira aumentam a disponibilidade de fósforo nos alimentos. Pode então ser introduzida uma dieta com menos fósforo e a excreção de fósforo no estrume diminuirá. Além disso, foi demonstrado que os suínos geneticamente modificados com o gene introduzido da fitase bacteriana não necessitavam de aditivos de fosfato na sua alimentação e o seu estrume continha até 75% menos fósforo do que o dos suínos não geneticamente modificados (Elser e Bennett, 2011). No entanto, é improvável que a utilização de organismos geneticamente modificados para fins alimentares seja alguma vez aprovada na Noruega, ou que a criação em larga escala de animais geneticamente modificados tenha lugar noutros países. Mas a adição de fitase produzida por bactérias geneticamente modificadas é praticada.

A redução da densidade do gado diminuirá a acumulação de fósforo nas áreas de produção animal intensiva. Mas a diminuição da produção, por sua vez, terá consequências económicas e sociais. Assim, embora a extensificação da produção agrícola de alimentos seja desejável do ponto de vista ambiental, é preferível intensificá-la do ponto de vista da eficiência da utilização da terra, da água, da mão de obra e da energia (Schroder et al., 2010).

Uma solução possível pode ser a expansão da agricultura biológica. O excedente de nutrientes é menor e a eficiência dos nutrientes é maior nas explorações geridas de forma biológica do que nas explorações convencionais (Steinshamn et al., 2004; Tully e Lawrence, 2011).

Para aplicar medidas políticas destinadas a uma gestão sustentável dos nutrientes, são necessários incentivos económicos. Esses incentivos podem incluir subsídios ou reduções fiscais à exportação de estrume, à transformação de estrume, à alimentação com baixo teor de fósforo e à adição de fitase à alimentação, impostos sobre factores de produção à base de rocha fosfática quando existem alternativas, ou ao consumo intensivo de bioenergia com fósforo (Schroder et al., 2010; Cordell et al., 2012).

5. CONCLUSÕES

A análise do fluxo regional de fósforo mostrou a influência do sistema de produção agrícola nos principais fluxos de fósforo e no stock de fósforo no solo. A região produtora de culturas (Akershus) é altamente dependente da importação de fertilizantes minerais, embora esta entrada esteja a diminuir ao longo do tempo. A região de produção principalmente animal (Rogaland) depende da entrada de concentrados para alimentação animal e acumula grandes quantidades de fósforo no estrume. Na região de produção mista (Sor-Trondelag), o estrume não substitui completamente o fertilizante mineral e a produção agrícola depende da entrada de concentrados para alimentação animal, o que indica uma fragmentação entre a produção de forragens e a criação de animais.

O orçamento do fósforo no solo foi positivo nas três regiões examinadas durante todo o período analisado, mas apresenta diferenças entre as três regiões norueguesas em função do sistema de produção agrícola. Em Akershus (produção vegetal), o orçamento tem vindo a diminuir desde os anos 70 e é atualmente o mais baixo, enquanto em Rogaland (produção animal) tem vindo a aumentar desde os anos 90 e é agora o mais elevado. No entanto, a reserva de fósforo acumulado no solo é a mais elevada em Akershus, a região de produção vegetal, devido à aplicação excessiva de fertilizantes minerais a longo prazo. A reserva é mais baixa na região de agricultura mista (Sor-Trondelag) e a mais baixa na região onde predomina a produção animal (Rogaland). Os resultados do ensaio PAL mostram as diferentes proporções do limite inferior calculado do teor total de fósforo, em função da principal fonte de fósforo, e não reflectem a acumulação de fósforo no solo. Aparentemente, uma grande parte do fósforo acumulado não pode ser revelada por este teste porque é transferida para uma forma indisponível (reserva de fósforo "fixa").

A situação no sistema agrícola norueguês no que respeita ao fósforo é caracterizada por uma elevada dependência de factores de produção com acumulação simultânea no solo e pode, por conseguinte, ser considerada desequilibrada. Na perspetiva do sistema, as medidas para mitigar este desequilíbrio devem ter como objetivo a reciclagem do fósforo das áreas de acumulação, onde causa poluição, para as áreas de necessidade, onde pode tornar-se um recurso. A aplicação prática deste princípio pode, no entanto, enfrentar uma série de desafios: físicos, económicos e mesmo sociais.

Referências

Agriinfo (2013). Meu Banco de Informações Agrícolas http://www.agriinfo.in/?page=topic&superid=4&topicid=271 Acessado em 09.06.2013.

Antikainen, R., R. Lemola, J. I. Nousiainen, L. Sokka, M. Esala, P. Huhtanen e S. Rekolainen (2005). Stocks and flows of nitrogen and phosphorus in the Finnish food production and consumption system. Agriculture Ecosystems & Environment 107(2-3): 287305.

Ashley, K., D. Cordell e D. Mavinic (2011). Uma breve história do fósforo: Da pedra filosofal à recuperação e reutilização de nutrientes. Chemosphere 84(6): 737-746.

Bateman, A., D. van der Horst, D. Boardman, A. Kansal e C. Carliell-Marquet (2011). Fechar o ciclo do fósforo em Inglaterra: The spatio-temporal balance of phosphorus capture from manure versus crop demand for fertiliser. Conservação e Reciclagem de Recursos 55(12): 1146-1153.

Bateman, A., D. van der Horst, D. Boardman, A. Kansal e C. Carliell-Marquet (2011). Fechar o ciclo do fósforo em Inglaterra: The spatio-temporal balance of phosphorus capture from manure versus crop demand for fertiliser. Conservação e Reciclagem de Recursos 55(12): 1146-1153.

Bechmann, M., J. Deelstra, P. Stalnacke, H. O. Eggestad, L. Oygarden e A. Pengerud (2008). Monitoring catchment scale agricultural pollution in Norway: policy instruments, implementation of mitigation methods and trends in nutrient and sediment losses. Environmental Science & Policy 11(2): 102-114.

Bechmann, M. E., D. Berge, H. O. Eggestad e S. M. Vandsemb (2005a). Phosphorus transfer from agricultural areas and its impact on the eutrophication of lakes - two long-term integrated studies from Norway. Journal of Hydrology 304(1-4): 238-250.

Bechmann, M., T. Krogstad e A. Sharpley (2005b). Um índice de fósforo para a Noruega. Ata Agriculturae Scandinavica Secção B-Soil and Plant Science 55(3): 205-213.

Berge, G. e K. B. Mellem (2012). Águas residuais municipais. Entrada de recursos, descarga, tratamento e eliminação de lamas 2011. Taxas 2012 (em norueguês). Oslo, Statistics Norway. 37.

Bioforsk (2013). Teor de nutrientes no estrume animal. http://www.bioforsk.no/ikbViewer/page/prosjekt/tema?p dimension id=19190&p menu id= 19211&p sub id=19191&p dim2=19606 Acedido em 09.06.2013.

Bleken, M. A. (2012). Comunicação pessoal.

Bleken, M. A. e L. R. Bakken (1997). O custo do azoto na produção alimentar: A sociedade norueguesa. Ambio 26(3): 134-142.

Bohn, H.L., B.L. Mc Neal, G.A.O'Connor (1985). Soil chemistry. Nova Iorque, Wiley: 341.

Bolstad, T. (1994). Excretion of nitrogen and phosphorus from livestock in Norway (em norueguês). As, Department of Animal Science Norwegian University of Agriculture and Life Science.

Bouwman, A. F., A. H. W. Beusen e G. Billen (2009). Human alteration of the global nitrogen and phosphorus soil balances for the period 1970-2050. Global Biogeochemical Cycles 23: 1- 16.

Breen, 0. (2013). Estatísticas dos alimentos para animais, Autoridade Agrícola Norueguesa (SLF). Comunicação pessoal.

Briseid, T., T. K. Haraldsen e J. Morken (2010). Digerido de resíduos selecionados pelo método Ludvika para fins agrícolas (em norueguês), Bioforsk. **5**(39):16.

Been, A. (2013). Estatísticas de fertilizantes minerais, Autoridade Alimentar Norueguesa. Comunicação pessoal.

Been, A. e A. Gronlund (2008). Phosphorus resources in waste - closing the loop? Phosphorus management in Nordic-Baltic agriculture - conciliing productivity and environmental protection. Relatório NJF 401. **4:** 102-106.

Carefoot, J. P. e J. K. Whalen (2003). Phosphorus concentrations in subsurface water as influenced by cropping systems and fertilizer sources. Canadian Journal of Soil Science **83**(2): 203-212.

Castoldi, N., L. Bechini e A. Stein (2009). Avaliação da incerteza espacial das avaliações agro-ecológicas à escala regional: O indicador de fósforo no norte de Itália. Indicadores Ecológicos **9**(5): 902-912.

Christensen, M. L., M. Hjorth e K. Keiding (2009). Caracterização do chorume de suínos com referência à floculação e separação. Water Research **43**(3): 773-783.

Cole, C. V., G. S. Innis e J. W. B. Stewart (1977). Simulação do ciclo do fósforo em prados semiáridos. Ecology **58**(1): 1-15.

Cordell, D., J.-O. Drangert e S. White (2009). A história do fósforo: Global food security and food for thought. Global Environmental Change-Human and Policy Dimensions **19**(2): 292-305.

Cordell, D., T.-S. S. Neset e T. Prior (2012). O balanço de massa do fósforo: identificando "hotspots" no sistema alimentar como um roadmp para a segurança do fósforo. Opinião atual em Biotecnologia **23**(6): 839-845.

Cordell, D., A. Rosemarin, J. J. Schroder e A. L. Smit (2011). Rumo à segurança global do fósforo: Um quadro de sistemas para opções de recuperação e reutilização de fósforo. Chemosphere **84**(6): 747-758.

Curtis, J. L., W. L. Kingery, M. S. Cox e Z. Liu (2010). Distribuição e dinâmica do fósforo numa bacia hidrográfica agrícola com uma história de longo prazo de aplicação de resíduos de aves de capoeira. Comunicações em Ciência do Solo e Análise de Plantas **41**(17): 2057-2074.

Daugstad, K., A. 0. Kristoffersen e L. Neshem (2012). Nutrient content in animal manure - analysis of manure from cattle, sheep, pigs and poultry 2006-2011 (em norueguês). Stj0rdal, Bioforsk.

Delgado, A. e J. Torrent (2001). Comparação de procedimentos de extração do solo para estimar o potencial de libertação de fósforo de solos agrícolas. Comunicações em Ciência do Solo e Análise de Plantas **32**(1-2): 87-105.

Dodd, R. J., R. W. McDowell e L. M. Condron (2012). Previsão das alterações nas formas de fósforo significativas do ponto de vista ambiental e agronómico após a cessação das aplicações de fertilizantes de fósforo nas pastagens. Uso e Manejo do Solo **28**(2): 135-147.

Dou, Z., J. D. Toth, D. T. Galligan, C. F. Ramberg e J. D. Ferguson (2000). Procedimentos laboratoriais para caraterizar o fósforo do estrume. Journal of Environmental Quality **29**(2): 508-514.

Ebeling, A. M., L. R. Cooperband e L. G. Bundy (2003a). Phosphorus availability to wheat from manures, biosolids, and an inorganic fertilizer. Communications in Soil Science and Plant Analysis

34(9-10): 1347-1365.

Ebeling, A. M., L. R. Cooperband e L. G. Bundy (2003b). Efeitos da fonte de fósforo no teste de fósforo do solo e formas de fósforo no solo. Communications in Soil Science and Plant Analysis **34**(13-14): 1897-1917.

Elser, J. e E. Bennett (2011). Um ciclo biogeoquímico quebrado. Nature 478(7367): 29-31.

Engeneeringtoolbox (2013). Terra ou solo - peso e composição http://www.engineeringtoolbox.com/earth-soil-weight-d 1349.html Acedido em 09.10.2013.

Eriksson, A. K., B. Ulen, L. Berzina, A. Iital, V. Janssons, A. S. Sileika e A. Toomsoo (2013). Fósforo em solos agrícolas em torno do Mar Báltico - comparação de métodos laboratoriais como índices de lixiviação de fósforo para as águas. Uso e Gestão do Solo 29: 5-14.

Eurostat (2013). Estatísticas agrícolas europeias http://epp.eurostat.ec.europa.eu/portal/page/portal/agriculture/data/database Acedido em 09.06.2013.

FAOstat (2013). Organização das Nações Unidas para a Alimentação e a Agricultura http://faostat.fao.org/ Acedido em 09.06.2013.

Filippelli, G. M. (2002). O ciclo global do fósforo. Phosphates: Geochemical, Geobiological, and Materials Importance. M. J. Kohn, J. Rakovan e J. M. Hughes. **48:** 391425.

Gentry, L. E., M. B. David, T. V. Royer, C. A. Mitchell e K. M. Starks (2007). Pistas de transporte de fósforo para cursos de água em bacias hidrográficas agrícolas drenadas por telhas. Journal of Environmental Quality 36(2): 408-415.

Gronlund, A. (2013). Dados P-AL do Jordsdatabanken, Bioforsk. Comunicação pessoal

Han, Y., X. Yu, X. Wang, Y. Wang, J. Tian, L. Xu e C. Wang (2013). Aplicação do índice de entradas líquidas de fósforo antropogénico (NAPI) na China continental. Chemosphere 90(2): 329337.

Hansen, N. C., T. C. Daniel, A. N. Sharpley e J. L. Lemunyon (2002). The fate and transport of phosphorus in agricultural systems (O destino e o transporte do fósforo em sistemas agrícolas). Journal of Soil and Water Conservation 57(6): 408-417.

Heje, K. K. (1974). Manual de bolso para agricultores, silvicultores, produtores de leite e jardineiros. Oslo, P.F.Steensballes Forlag: 426.

Heje, K. K. (1992). Manual de agricultura. Oslo, Landbrukforlaget: 476.

Heje, K. K. (2000). Manual de agricultura. Oslo, Landbruksforlaget: 256.

Hermans, C. e P. Vereijken (1995). Criação de animais de pastoreio com base numa gestão sustentável dos nutrientes. Agriculture Ecosystems & Environment 52(2-3): 213-222.

Hertrampf, J. W. e F. Piedad-Pascual (2000). Handbook on Ingredients for Aquaculture Feeds. Dordrecht, Kluwer Academic Publisher.

Hesterberg, D., M. C. Duff, J. B. Dixon e M. J. Vepraskas (2011). Microspectroscopia de raios X e reações químicas em microssítios do solo. Jornal de Qualidade Ambiental 40(3): 667-678.

Hochmuth, G. J. (2003). Progresso na nutrição mineral e gestão de nutrientes para culturas hortícolas nos últimos 25 anos. Hortscience 38(5): 999-1003.

Howarth, R. W., A. Sharpley e D. Walker (2002). Sources of nutrient pollution to coastal waters in the United States: Implications for achieving coastal water quality goals. Estuaries 25(4B): 656-676.

Jarvie, H. P., A. N. Sharpley, P. J. A. Withers, J. T. Scott, B. E. Haggard e C. Neal (2013). Mitigação de fósforo para controlar a eutrofização do rio: Murky Waters, Inconvenient Truths, and Postnormal Science (Águas turvas, verdades inconvenientes e ciência pós-normal). Jornal de Qualidade Ambiental 42(2): 295-304.

Johnston, A. E. e I. Steen (2000). Understanding phosphorus and its use in agriculture. Bruxelas, Associação Europeia de Fabrico de Fertilizantes.

Karlengen, I. J., B. Svihus, N. P. Kjos e O. M. Harstad (2012). Animal manure; update of manure amount and excretion of nitrogen, phosphorus and potassium (em norueguês), Norwegian University of Life Science: 106.

Kleinman, P. J. A., A. N. Sharpley, R. W. McDowell, D. N. Flaten, A. R. Buda, L. Tao, L. Bergstrom e Q. Zhu (2011). Gestão do fósforo agrícola para a proteção da qualidade da água: princípios para o progresso. Plant and Soil 349(1-2): 169-182.

Knutsen, H. e A. v. Z. Magnussen (2011). Fertilizers Goods Regulations are being revised - possible consequences for agriculture in Rogaland (em norueguês). Oslo, Instituto Norueguês de Investigação Económica Agrícola (NILF): 57.

Kreuzeder, A. (2011). Modelação dos fluxos de fósforo no solo. Departamento de Ciências Naturais. Graz, Karl-Franzens-University. **Mestrado em Ciências:** 106.

Krogstad, T. (1987). Desenvolvimento e avaliação do estado do fósforo em terras cultivadas no período 1960-1985 com o foco em Romerike e Jsren (em norueguês). Jord og myr 5 153-163.

Krogstad, T. (2013). Comunicação pessoal

Krogstad, T., A. F. Ogaard e A. O. Kristoffersen (2008). Novas recomendações de P para gramíneas e cereais na agricultura norueguesa. Phosphorus management in Nordic-Baltic agriculture - reconciling productivity and environmental protection. Relatório NJF 401 4: 42-46.

Leeben, A., I. Tonno, R. Freiberg, V. Lepane, N. Bonningues, N. Makarotseva, A. Heinsalu e T. Alliksaar (2008). History of anthropogenically mediated eutrophication of Lake Peipsi as revealed by the stratigraphy of fossil pigments and molecular size fractions of pore-water dissolved organic matter. Hydrobiologia 599: 49-58.

Linderholm, K., J. E. Mattsson e A.-M. Tillman (2012). Phosphorus Flows to and from Swedish Agriculture and Food Chain. Ambio 41(8): 883-893.

Litaor, M. I., I. Chashmonai, I. Barnea, O. Reichmann e M. Shenker (2013). Avaliação de práticas de fertilizantes de fósforo em solos de zonas húmidas alteradas usando análise de incerteza. Uso e Gestão do Solo 29: 55-63.

Liu, Y., G. Villalba, R. U. Ayres e H. Schroder (2008). Global phosphorus flows and environmental impacts from a consumption perspective (Fluxos globais de fósforo e impactos ambientais numa perspetiva de consumo). Journal of Industrial Ecology 12(2): 229-247.

Lovdata (2013). Regulamento do fertilizante orgânico. http://www.lovdata.no/for/sf/ld/ld-20030704-0951.html Acedido em 09.06.2013.

Ma, D., S. Hu, D. Chen e Y. Li (2012). Análise do fluxo de substâncias como uma ferramenta para a elucidação do metabolismo antropogénico do fósforo na China. Journal of Cleaner Production 29-30: 188198.

MacDonald, G. K., E. M. Bennett, P. A. Potter e N. Ramankutty (2011). Desequilíbrios agronómicos do fósforo nas terras de cultivo do mundo. Actas da Academia Nacional de Ciências dos Estados Unidos da América 108(7): 3086-3091.

Matsubae-Yokoyama, K., H. Kubo, K. Nakajima e T. Nagasaka (2009). A Material Flow Analysis of Phosphorus in Japan [Análise do fluxo de materiais de fósforo no Japão]. Journal of Industrial Ecology 13(5): 687-705.

Mattilsynet (2010). Estatísticas de fertilizantes minerais 2009-2010 (em norueguês), Autoridade Alimentar Norueguesa.

Mattilsynet (2011). Estatísticas de fertilizantes minerais 2010-2011 (em norueguês), Autoridade Alimentar Norueguesa.

Mattilsynet (2012). Estatísticas de fertilizantes minerais 2011-2012 (em norueguês), Autoridade Alimentar Norueguesa.

Mattson, L. (2008). Interpretação das análises de P do solo. Um estudo comparativo de três métodos de análise de P. Phosphorus management in Nordic-Baltic agriculture - reconciling productivity and environmental protection. Relatório NJF 401. 4: 136-141.

Matvaretabellen (2013). Teor de nutrientes em produtos alimentares http://www.matvaretabellen.no/ Acedido em 09.06.2013.

McCollum, R. E. (1991). Acúmulo e declínio de fósforo no solo - tendências de 30 anos em umprabuult típico. Agronomy Journal 83(1): 77-85.

Merck (2013). Manual veterinário Merck http://www.merckmanuals.com/vet/search.html?qt=nutritional+requirements&start=1&contex t=%2Fvet Acesso em 09.06.2013.

Ministério do Ambiente (1976). Medidas contra a poluição (em norueguês). 44.

Ministério do Ambiente (1992). Relativo à aplicação pela Noruega da Declaração do Mar do Norte. 64.

MSU (2013). Manual de Produção de Ovinos do Rebanho Agrícola de Montana. Montana State University http://animalrangeextension.montana.edu/articles/sheep/Flock%20Handbook/Nutrition-1.htm Acedido em 09.06.2013.

Neset, T.-S. S., H.-P. Bader, R. Scheidegger e U. Lohm (2008). O fluxo de fósforo na produção e consumo de alimentos - Linkoping, Suécia, 1870-2000. Science of the Total Environment 396(2-3): 111-120.

Neset, T.-S. S. e D. Cordell (2012). Escassez global de fósforo: identificar sinergias para um futuro sustentável. Journal of the Science of Food and Agriculture 92(1): 2-6.

Neshem, L., D. Ingjerd e K. Daugstad (2011). Quantidade de estrume excretado - avaliação das normas (em norueguês). Stjordal, Bioforsk. **6**.

Neyroud, J. A. e P. Lischer (2003). Os diferentes métodos utilizados para estimar a disponibilidade de fósforo no solo na Europa dão resultados comparáveis? Journal of Plant Nutrition and Soil Science **166**(4): 422-431.

NIFL (2013). Instituto Norueguês de Florestas e Paisagem. http://www.skogoglandskap.no/artikler/2007/nedlastingsinfo_jordmonn Acedido em 09.06.2013.

Nutritiondata (2013). Factos nutricionais. http://nutritiondata.self.com/facts/sweets/5573/2 Acesso em 09.06.2013.

Nyhus, O. (2013). Estatísticas de fertilizantes minerais, Yara. Comunicação pessoal

Oehl, F., A. Oberson, H. U. Tagmann, J. M. Besson, D. Dubois, P. Mader, H. R. Roth e E. Frossard (2002). Phosphorus budget and phosphorus availability in soils under organic and conventional farming. Nutrient Cycling in Agroecosystems **62**(1): 25-35.

Oelkers, E. H. e E. Valsami-Jones (2008). Reatividade dos minerais de fosfato e sustentabilidade global. Elementos **4**(2): 83-87.

Ringdal, G., M. Lystad e L. Hektoen (2012). Relatório anual do Sheep Control 2012 (em norueguês), Animalia.

Rogndtad, O. e T. A. Steinset (2011). Land use in Norway 2011: agriculture, forestry and hunt. Oslo-Kongsvinger, Statistics Norway.

Rubsk, G. e G. Hekrath (2008). Transferência de fertilizantes para o subsolo. Phosphorus management in Nordic-Baltic agriculture - reconciling productivity and environmental protection. Relatório NJF 401. **4:** 63-67.

Rod, L. M., R. Pedersen, J. Deelstra, M. Bechmann, H. O. Eggestad e A. F. 0gaard (2009). Erosão e perda de nutrientes em bacias hidrográficas dominadas pela agricultura (em norueguês). Programa de monitorização do solo e da água na agricultura. As, Bioforsk: 44.

Sattari, S. Z., A. F. Bouwman, K. E. Giller e M. K. van Ittersum (2012). O fósforo residual do solo como a peça que falta no puzzle da crise global do fósforo. Actas da Academia Nacional de Ciências dos Estados Unidos da América **109**(16): 6348-6353.

Schachtman, D. P., R. J. Reid e S. M. Ayling (1998). Phosphorus uptake by plants: From soil to cell. Plant Physiology **116**(2): 447-453.

Schindler, D. W. (1977). Evolução das limitações de fósforo nos lagos. Science **195**(4275): 260- 262.

Schindler, D. W. (2012). O dilema do controlo da eutrofização cultural dos lagos. Proceedings of the Royal Society B-Biological Sciences **279**(1746): 4322-4333.

Schroder, J. J., A. L. Smit, D. Cordell e A. Rosemarin (2011). Melhoria da eficiência da utilização do fósforo na agricultura: Um requisito fundamental para a sua utilização sustentável. Chemosphere **84**(6): 822831.

Scroder, J. J., Cordell, D., Smith, A.L. e Rosemarin, A (2010). Sustainable Use of Phosphorus. Wageningen, Plant Research International: 124.

Senthilkumar, K., T. Nesme, A. Mollier e S. Pellerin (2012). Conceção concetual e quantificação dos fluxos e balanços de fósforo à escala do país: O caso da França. <u>Global Biogeochemical Cycles</u> **26**: 1-14.

Senthilkumar, K., T. Nesme, A. Mollier e S. Pellerin (2012). Fluxos e orçamentos de fósforo à escala regional em França: A importância dos sistemas de produção agrícola. <u>Ciclo de nutrientes em agroecossistemas</u> **92**(2): 145-159.

Sharpley, A. N. (1999). Global issues of phosphorus in terrestrial ecosystems (Questões globais do fósforo nos ecossistemas terrestres). Simpósio sobre Biogeoquímica do Fósforo em Ecossistemas Subtropicais. Clearwater, FL. 15-46.

Sharpley, A. N., S. C. Chapra, R. Wedepohl, J. T. Sims, T. C. Daniel e K. R. Reddy (1994a). Gestão do fósforo agrícola para proteção das águas de superfície - questões e opções. <u>Journal of Environmental Quality</u> **23**(3): 437-451.

A. N. Sharpley, e S. Rekolainen, Phosphorus in agriculture and its environmental implications. H. Tunney, O. T. Carton, P. C. Brookes, A. A. Johnston, Eds., Phosphorus loss from soil to water (1997), pp. 1-53.

Sharpley, A. N. e P. J. A. Withers (1994b). The environmentally-sound management of agricultural phosphorus. <u>Fertilizer Research</u> **39**(2): 133-146.

Shen, J., L. Yuan, J. Zhang, H. Li, Z. Bai, X. Chen, W. Zhang e F. Zhang (2011). Phosphorus Dynamics: Do solo à planta. <u>Fisiologia Vegetal</u> **156**(3): 997-1005.

Smil, V. (2000). Fósforo no ambiente: Fluxos naturais e interferências humanas. <u>Annual Review of Energy and the Environment</u> **25**: 53-88.

Smith, T. M. e R. L. Smith (2011). <u>Elements of Ecology (Elementos de Ecologia)</u>. Boston, MA, Pearson: 649.

SSB (1974). Desenvolvimento da produção na agricultura 1925-1972 (em norueguês). Oslo, Statistics Norway.

SSB (1974-1996). Estatísticas agrícolas 1973-1994 (em norueguês). Oslo, Statistics Norway.

SSB (1982). Recenseamento da agricultura e da silvicultura de 20 de junho de 1979 (em norueguês). Oslo- Kongsvinger, Statistics Norway.

SSB (1995). Statistical Yearbook 1995. Oslo-Kongsvinger, Statistics Norway.

SSB (2012). Statistical Yearbook 2011. Oslo-Kongsvinger, Statistics Norway.

StatBank (2013). Statbank Norway. <u>https://www.ssb.no/statistikkbanken</u> Acedido em 09.06.2013.

Stein, H. H. (2013). Digestibilidade do fósforo em milho, co-produtos de milho e farinha de padaria alimentados a porcos em crescimento. <u>http://nutrition.ansci.illinois.edu/node/693</u> Acessado em 09.06.2013.

Steinshamn, H., E. Thuen, M. A. Bleken, U. T. Brenoe, G. Ekerholt e C. Yri (2004). Utilização de azoto (N) e fósforo (P) num sistema de produção leiteira biológica na Noruega. <u>Agriculture Ecosystems & Environment</u> **104**(3): 509-522.

Stroia, C., C. Morel e C. Jouany (2007). Dinâmica do fósforo difusivo do solo em duas experiências de pastagem determinadas em condições de campo e de laboratório. Agriculture Ecosystems & Environment 119(1-2): 60-74.

Suh, S. e S. Yee (2011). Utilização eficiente do fósforo na agricultura e no sistema alimentar dos EUA. Chemosphere 84(6): 806-813.

Syers, J. K., Johnston, A.E., Curtin, D (2008). Efficiency of soil and fertilizer phosphorus use. Roma, Organização das Nações Unidas para a Alimentação e a Agricultura. 18: 108.

Tan, H (2011). Princípios de química do solo.Boca Raton, Fla. CRC Press: 362.

Tangkanakul, P., P. Auttaviboonkul, P. Tungtrakul, M. Ruamrux, C. Hiraga, K. Thaveesook e M. Yunchalad (2005). Utilização de farinha de peixe em caldo de tempero concentrado enlatado para a preparação de alimentos tailandeses. Kasetsart Journal (Natural Sciences) 39: 308-318.

Tilman, D. (1999). Impactos ambientais globais da expansão agrícola: The need for sustainable and efficient practices. Actas da Academia Nacional de Ciências dos Estados Unidos da América 96(11): 5995-6000.

Tilman, D., K. G. Cassman, P. A. Matson, R. Naylor e S. Polasky (2002). Agricultural sustainability and intensive production practices (Sustentabilidade agrícola e práticas de produção intensiva). Nature 418(6898): 671-677.

Tine (2013). O controlo da vaca.
https://medlem.tine.no/cms/om-oss/statistikker/statistikksamling
Acedido em 09.06.2013.

Toor, G. S., J. T. Sims e Z. X. Dou (2005). Reduzir o fósforo nas dietas leiteiras melhora os balanços de nutrientes das explorações e diminui o risco de poluição não pontual das águas superficiais e subterrâneas. Agriculture Ecosystems & Environment 105(1-2): 401-411.

Tully, K. L. e D. Lawrence (2011). Closing the Loop: Nutrient Balances in Organic and Conventional Coffee Agroforests (Balanços de nutrientes em agroflorestas de café orgânico e convencional). Journal of Sustainable Agriculture 35(6): 671-695.

Tveitnes, S (1993). Estrume animal (em norueguês). Serviço Agrícola do Estado (Statens fagtjeneste for landbruket), As.

UIDAHO (2013). As doze ordens de solo. Universidade de Idaho. http://www.cals.uidaho.edu/soilorders/ Acessado em 09.06.2013.

Ulen, B., H. Aronsson, M. Bechmann, T. Krogstad, L. Oygarden e M. Stenberg (2010). Métodos de mobilização do solo para controlar a perda de fósforo e potenciais efeitos secundários: uma revisão escandinava. Uso e Gestão do Solo 26(2): 94-107.

Ulen, B., M. Bechmann, J. Folster, H. P. Jarvie e H. Tunney (2007). A agricultura como fonte de fósforo para a eutrofização nos países do noroeste da Europa, Noruega, Suécia, Reino Unido e Irlanda: uma revisão. Soil Use and Management 23: 5-15.

Ulen, B., M. Bechmann, L. Oygarden e K. Kyllmar (2012). Erosão do solo nos países nórdicos - desafios futuros e necessidades de investigação. Ata Agriculturae Scandinavica Secção B-Soil and Plant Science 62: 176-184.

Vadas, P. A., T. Krogstad e A. N. Sharpley (2006). Modelação da transferência de fósforo entre os reservatórios de solo lábeis e não lábeis: Atualização do modelo EPIC. Soil Science Society of America Journal 70(3): 736-743.

Valkama, E., R. Uusitalo, K. Ylivainio, P. Virkajaervi e E. Turtola (2009). Fertilização com fósforo: Uma meta-análise de 80 anos de investigação na Finlândia. Agriculture Ecosystems & Environment 130(3-4): 75-85.

Vedeld, P. (2002). The process of institution building to facilitate local biodiversity management, NORAGRIC Centre for International Environment and Development Studies.

Volden, H. (2011). NorFor - o sistema nórdico de avaliação de alimentos para animais. Publicação da EAAP.
Wageningen, Wageningen Academic Publishers. 130.

Watson, M. e R. Mullen (2007) Understanding Soil Tests for Plant-Available Phosphorus http://ohioline.osu.edu/agf-fact/pdf/Soil Tests.pdf Acedido em 09.06.2013.

Wu, H., Z. Yuan, L. Zhang e J. Bi (2012). Estratégias de mitigação da eutrofização: perspectivas a partir da quantificação dos fluxos de fósforo no sistema socioeconómico de Feixi, China Central. Journal of Cleaner Production 23(1): 122-137.

Yuan, Z., X. Liu, H. Wu, L. Zhang e J. Bi (2011). Análise do fluxo de fósforo antropogénico do condado de Lujiang, província de Anhui, China Central. Ecological Modelling 222(8): 1534-1543.

Zabrodina, M. (2012). Avaliação das reservas de fósforo no solo - relatório do projeto, NTNU: 40.

Ogaard, A. F. (2008). Prática de utilização de estrume com foco na utilização de fósforo (em norueguês). Plantemotet 2008, Bioforsk: 198-199.

Apêndice 1. Reacções do fósforo no solo

Absorção e precipitação

Os aniões fosfatos podem ligar-se aos constituintes do solo e dificultar a absorção pelas plantas (Tan, 2011). Podem definir-se dois tipos de mecanismos:

(1) A retenção de fosfato refere-se ao fosfato adsorvido que pode ser extraído com ácido diluído, relativamente disponível para as plantas. O solo ácido contém uma quantidade significativa de Al-, Fe-, Mn-. O solo básico contém Ca-. Os fosfatos podem ser absorvidos na superfície dos colóides com Al-, Fe-, Mn- como pontes (ponte metálica ou co-adsorção). Estes fosfatos continuam a estar facilmente disponíveis para as plantas. Este tipo de adsorção também pode ocorrer com argilas saturadas de Ca.

   - Em solos ricos em Al/ácidos

$$[Al^{3+}]^{1/3}[H_2PO_4] = (Al^{3+})^{1/3}(H_2PO_4); \ Clay - Al - H_2PO_4$$

- Em solos ricos em Ca/básicos

$$[Ca^{2}]^{1/2}[H_2PO_4] = (Ca^{2})^{1/2}(H_2PO_4); \ Clay - Ca - H_2PO_4$$

A retenção também pode ocorrer com grupos OH protonados (em argilas com superfícies oxilhidroxi, aluminol, ferrol e silanol) em duas etapas:

   - adsorção (rápida):

$$-Al-OHH^{+} + H_2PO_4^{-} \leftrightarrow -Al-OHH-H_2PO_4^{-}$$

- penetração na estrutura cristalina (lenta, várias semanas ou mais):

$$-Al-OHH^{+}-H_2PO_4^{-} \rightarrow -Al-H_2PO_4 + H_2O$$

(2) A fixação de fosfatos refere-se a fosfatos não extraíveis com ácidos diluídos que não estão prontamente disponíveis para as plantas ("fixados").

A reação de fixação tem lugar entre o fosfato e os iões Fe ou Al e os óxidos hidratados de Fe ou Al, ou entre o fosfato e os minerais de silicato, e resulta em fosfatos insolúveis em água, relativamente indisponíveis para as plantas.

$$Al^{3+} + H_2PO_4^{-} \rightarrow Al(H_2PO_4)_3 \downarrow$$

A fixação também pode ser efectuada através da formação de complexos ou quelatos (Tan, 2011).

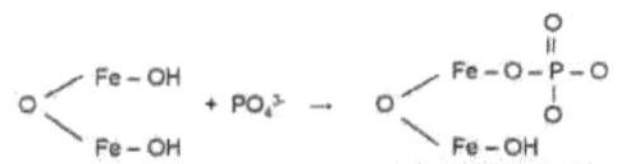

Monodentate complex (labile)

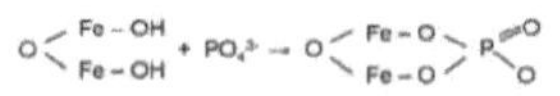

Bidentate complex (irreversible)

Reação com argilas silicatadas:
- $Al2Si2O_5(OH)4$ (caolinita) $\rightarrow$ $Al(OH)2H2PO4$ (variscita)
- $Al2Si2O5(OH)4$ (caolinita) $\rightarrow$ $2Al(OH)2+ + Si2O_5^{2-}$
- $2Al(OH)2 + 2H2PO4 \rightarrow Al(OH)2H2PO4$

(Bohn et al., 1985).

- Fixação de fosfatos em solos alcalinos:
- $3Ca^{2+} + 2PO4 \rightarrow {}^-Cas(H2PO4)\ 2 \downarrow$
- $3Ca\ CO3 + 2PO4^3 \rightarrow Ca3(H2PO4)\ 2\ I + 2CO2\uparrow$

(Tan, 2011).

- Em solos alcalinos (pH > 7)
- fosfato de cálcio dibásico dihidrato $CaHPO_4\text{-}2H_2O$
- fosfato octocálcico $Ca_4H(PO_4)\ 3$
- hidroxiapatite $[Ca_5(H_2PO_4)\ 3(OH)]$
- Em solos ácidos (pH < 5,5)
- fosfatos amorfos de Al e Fe
- variscite $(AlPO_4\text{-}2H_2O)$
- stregnite $(FePO_4\text{-}2H_2O)$ (Tan, 2011).

- *Imobilização*

- **Fixação biológica**
- Eterificação com glucose $\rightarrow$ Éster de glucose-6-fosfato
- Ligação de pirofosfato no ATP
- Fosfatos + ácido húmico $\rightarrow$ complexos ou quelatos de fosfo-humato (Tan, 2011).

Apêndice 2. Tipos de solos

Tabela 2. Tipos de solo, suas propriedades e uso da terra (Smith e Smith, 2011, UIDAHO, 2013; NIFL, 2013).

Soil order	Properties	Land use
Alfisol	Moderately leached, Accumulated clays, Shallow penetration of humus, Naturally fertile	Cropland Grazing Forest Savanna Grassland
Andisol	Formed in volcanic ash, High water-holding capacity, High P-fixation	Forest Cropland Pasture
Aridisol	Very dry Low organic matter content, High base content Accumulated calcium carbonate, silica, salts, gypsum Prone to salinization	Rangeland Wildlife habitat Irrigated cropland
Entisol (all soil types that do not fit into one of the other 11 orders)	Newly formed Great diversity, Unconsolidated parent material	Cropland Pasture Rangeland Forest Wildlife habitat Urban
Gelisol	Permafrost within 2 m from surface, Large quantity of organic carbon due to slow rate of organic decomposition	Wildlife habitat
Histosol	Wet, Poor drainage, Contain at least 20-30% organic matter by weight, bulk density less than 0.3 g/cm^3 (½ or more of upper 80 cm is organic) Bog and muck soil	Forest Cropland Urban Recreation Wildlife habitat

Soil order	Properties	Land use
Inseptisol	Young (slightly developed) Shallow	Cropland Pasture Forest Rangeland Wildlife habitat
Mollisol	Deep, Fertile, Large amount of organic material Rich in bases Prone to calcification Most productive, agricultural soil	Cropland Pasture Forest Rangeland
Oxisol	Highly weathered Infertile Very low nutrient reserves Rich in Kaolinite, Fe and Al oxide minerals, humus High P retention Can be productive with input of lime and fertilizers	Rain-fed crop
Spodosol	Sandy, Acidic, Accumulated amorphous mixtures of organic matter and Al and Fe, Naturally infertile Responsive to good management Requires addition of lime	Forest Wildlife habitat Cropland Pasture
Ultisol	Weathered Acid Low native fertility Low base content Ca-, Mg-, K-deficient Accumulated clay Contain Fe oxides	Forest Cropland Pasture
Vertisol	Clayey Have cracks Shrink when dry, swell when moist Slow permeability, irrigation can result in waterlogging and elevated salinity	Rangeland Cropland Pasture

Apêndice 3. Testes de fósforo no solo

Quadro 3. Testes de fósforo no solo

	Ammonium lactate, P-AL test	Mehlich-3 Test	Bray-Kurtz P1 test	Olsen test
Extracting solution	ammonium lactate	acetic acid, ammonium nitrate, ammonium fluoride, nitric acid and the chelate, EDTA	dilute hydrochloric acid and ammonium fluoride solution	weak sodium bicarbonate
Correlation		0.83-0.99	0.74-0.94	0.73-0.96 for alkaline soil conditions
Detection limit		1 ppm (dry soil basis)	1 ppm (dry soil basis)	
Recommended for	acid soil	acid/neutral soil	acid/neutral soil	alkaline soil
May show % of total	9-18%	6-9%*	5-7%	2-4%
Reference	Neyroud and Lischer, 2003; Eriksson et al., 2013	Watson and Mullen, 2007; Neyroud and Lischer, 2003	Watson and Mullen, 2007; Neyroud and Lischer, 2003	Watson and Mullen, 2007; Neyroud and Lischer, 2003

1 As concentrações de P extraível Mehlich-3 de 42 solos dos EUA e do Canadá representaram de 0,5% a 72% do P total do solo (Hesterberg, 2011).

Apêndice 4. Definição do sistema

Tabela 4. Parâmetros

	Parameter	Unit	Reference
AA	Agricultural area	ha	SSB, 1974; SSB, 1974-1996; SSB, 1982; SSB, 1995; StatBank, 2013
FRS	Fertilizer sold	tons	Mattilsynet, 2010; 2011; 2012, Bøen, 2013; Nyhus, 2013
P_{FR}	P concentration in fertilizer	%	Calculated from Mattilsynet, 2010; 2011; 2012, Bøen, 2013; Nyhus, 2013
WS	Waste composted	1000 tons	StatBank, 2013
CR	Crop harvest: Wheat Barley Oats Rye and Triticale Potato Green fodder and silage Hay	1000 tons	SSB, 1974; SSB, 1974-1996; SSB, 1982; SSB, 1995; StatBank Norway, 2013
FDS	Feed concentrates sold	tons	Breen, 2013
NA	Number of animals	heads	SSB, 1974; SSB, 1974-1996; SSB, 1982; SSB, 1995; StatBank, 2013
APR	Animal products: Horse, Cattle, Pigs Sheep, Poultry Milk Eggs	tons 1000 l tons	StatBank, 2013
PD	P discharge with wastewater	tons	StatBank, 2013

	Parameter		Unit	Reference
P_{WS}	P concentration in waste	0.15	%	Briseid et al., 2010
PR	P removal by WWTP	40-90	%	Berge and Mellem, 2012
SU	Sewage sludge used in agriculture	50	%	Berge and Mellem, 2012
P_{EL}	P losses due to erosion and leaching	1	kg/ha-yr	Rød et al., 2009
P_{FD}	P concentration in feed	0.5	%	Calculated from Breen, 2013
P_{CR}	P concentration in crops:			Antikainen et al., 2005
	Wheat	0.40	% of dry	
	Barley	0.38	matter	
	Oats	0.39		
	Rye and Triticale	0.36		
	Potato	0.21		
	Green fodder and silage	0.32		
	Hay	0.24		
DM_{CR}	Dry matter concentration in crops:	86	%	Antikainen et al., 2005
	Wheat	86		
	Barley	86		
	Oats	86		
	Rye and Triticale	22		
	Potato	23		
	Green fodder and silage	83		
	Hay			
P_{APR}	P concentration in animal products:			Antikainen et al., 2005;
	Horse	0.71	%	Matvaretabellen, 2013
	Cattle	0.71		
	Pigs	0.55		
	Sheep	0.55		
	Poultry	0.67		
	Milk	0.09		
	Eggs	0.24		

	Parameter		Unit	Reference
P_{EM}	P excreted in manure:			
	Horse	7	kg/animal-	Karlengen, 2012
	Dairy cows	14.4	yr	
	Beef cows	8		
	Other cattle	9		
	Sheep	2		
	Milking goats	1.2		
	Pigs for breeding	5.8		
	Slaughter pigs	0.45		
	Laying hens	0.13		
	Broiler	0.04		
SAL	Slaughtering age lambs	160	days	Ringdal et al., 2012
GOL	Grazing on uncultivated land, lambs	90	days	Karlengen, 2012
GR	Grazing share cattle	20-40	%	SSB, 1974; SSB, 1974-1996; Tine, 2013
	Grazing share sheep	50	%	Assumed
P_{NTR}	Nutrient requirements:			
	Horse	7.3	kg/animal-	Merck, 2013
	Dairy cows	20	yr	
	Beef cows	9		
	Other cattle	6		
	Sheep	2		
	Milking goats	1.6		
	Pigs for breeding	6		
	Slaughter pig	1		
	Laying hens	0.16		
	Broiler	0.05		
	Lamb	0.005		Estimate from MSU, 2013

Tabela 5. Variáveis do sistema.

	Variables
$X_{0\text{-}1MF}$	Mineral fertilizer
$X_{0\text{-}1CC}$	Compost
$X_{0\text{-}1SS}$	Sewage sludge
$X_{4\text{-}1}$	Manure to soil (cultivated land)
$X_{1\text{-}2}$	Plant uptake (excluding plant residue)
$X_{1\text{-}0}$	Erosion and leaching
$\Delta S1$	Soil stock change
$X_{2\text{-}0}$	Crop products
$X_{2\text{-}3}$	Fodder
$X_{2\text{-}4}$	Grazing (cultivated land)
$X_{0\text{-}4}$	Grazing (uncultivated land)
$X_{0\text{-}3}$	Imported feed
$X_{3\text{-}4}$	Feed and fodder
$X_{4\text{-}0\text{-}AP}$	Animal products: meat, milk and eggs
$X_{4\text{-}0\text{-}MN}$	Manure to soil (uncultivated land)

Tabela 6. Equações

	Mass Balance Equations
(1)	$X_{0\text{-}1MF} + X_{0\text{-}1CC} + X_{0\text{-}1SS} + X_{4\text{-}1} = X_{1\text{-}2} + X_{1\text{-}0} + \Delta S1$
(2)	$X_{1\text{-}2} = X_{2\text{-}3} + X_{2\text{-}4} + X_{2\text{-}0}$
(3)	$X_{2\text{-}3} + X_{0\text{-}3} = X_{3\text{-}4}$
(4)	$X_{3\text{-}4} + X_{2\text{-}4} + X_{0\text{-}4} = X_{4\text{-}0\text{-}AP} + X_{4\text{-}0\text{-}MN} + X_{4\text{-}1}$ for every group of animals
	Model approach equations
(4a)	$X_{3\text{-}4} + X_{2\text{-}4} = \Sigma\, NA \times P_{NTR}/AA$
	For 1950-1995 $X_{4\text{-}0}$ was not calculated due to the absence of data for animal production by county, $X_{3\text{-}4}$ is therefore quantified according to nutritional requirements.
(5)	$X_{0\text{-}1MF} = FRS \times P_{FR}/AA$
(6)	$X_{0\text{-}1CC} = WS \times P_{WS}/AA$
(7)	$X_{0\text{-}1SS} = SU \times PD \times PR/(1 - PR)/AA$
(8)	$X_{2\text{-}4} = (X_{3\text{-}4} + X_{2\text{-}4}) \times GR$ for every group of animals except lambs
(8a)	$X_{3\text{-}4} = 0$ for lambs
(9)	$X_{2\text{-}3} + X_{2\text{-}0} = \Sigma\, CR \times P_{CR}/AA$
(10)	$X_{1\text{-}0} = P_{EL}$
(11)	$X_{0\text{-}3} = FDS \times P_{FD}/AA$
(12)	$X_{4\text{-}0\text{-}AP} = \Sigma\, APR \times P_{APR}/AA = (\Sigma$ carcasses weight $\times$ P concentration in animals $+$ amount of milk $\times$ P concentration in milk $+$ amount of eggs $\times$ P concentration in eggs) $/AA$
(13)	$X_{4\text{-}1} = \Sigma\, NA \times P_{EM}/AA$ for all animals except lambs
(13a)	$X_{4\text{-}0\text{-}MN} = GOL/SAL \times (X_{3\text{-}4} + X_{2\text{-}4} + X_{0\text{-}4} - X_{4\text{-}0\text{-}AP})$ for lambs
(14)	$X_{3\text{-}4} + X_{2\text{-}4} + X_{0\text{-}4} = NA \times SAL \times P_{NTR}/AA$ for lambs
(15)	$X_{0\text{-}4} = GOL/SAL \times (X_{3\text{-}4} + X_{2\text{-}4} + X_{0\text{-}4})$ for lambs

Apêndice 5. Solução analítica

$X_{0\text{-}1MF} = FRS \times P_{FR}\,/AA$

$X_{0\text{-}1CC} = WS \times P_{WS}\,/AA$

$X_{0\text{-}1SS} = SU \times PD \times PR\,/(1 - PR)\,/AA$

$X_{1\text{-}0} = P_{EL}$

$X_{0\text{-}3} = FDS \times P_{FD}\,/AA$

$X_{1\text{-}2} = ((\Sigma\,CR \times P_{CR}) + (\Sigma\,APR \times P_{APR} + \Sigma\,NA \times P_{EM}) \times GR + (SAL\text{-}GOL) \times NAlambs \times P_{NTR})/AA$

$X_{2\text{-}0} = ((\Sigma\,CR \times P_{CR}) + (\Sigma\,APR \times P_{APR} + \Sigma\,NA \times P_{EM}) \times GR + (SAL\text{-}GOL) \times NAlambs \times P_{NTR} - (1\text{-}GR)/GR \times (\Sigma\,APR \times P_{APR} + \Sigma\,NA \times P_{EM}) \times GR - FDS \times P_{FD} - (\Sigma\,APR \times P_{APR} + \Sigma\,NA \times P_{EM}) \times GR - (SAL\text{-}GOL) \times NAlambs \times P_{NTR})/AA$

$X_{2\text{-}3} = X_{3\text{-}4} - X_{0\text{-}3} = ((1\text{-}GR)/GR \times (\Sigma\,APR \times P_{APR} + \Sigma\,NA \times P_{EM}) \times GR - FDS \times P_{FD})\,/AA$

$X_{0\text{-}4} = GOL \times NAlambs \times P_{NTR}\,/AA$

$X_{2\text{-}4} = (GR \times (\Sigma\,APR \times P_{APR} + \Sigma\,NA \times P_{EM}) + (SAL\text{-}GOL) \times NAlambs \times P_{NTR})/AA$ for 1996-2011

$X_{2\text{-}4} = (X_{3\text{-}4} + X_{2\text{-}4}) \times GR = ((X_{4\text{-}0\text{-}AP} + X_{4\text{-}1}) \times GR = \Sigma\,NA \times P_{NTR} \times GR + (SAL\text{-}GOL) \times NAlambs \times P_{NTR})/AA$ for 1950-1995

$X_{3\text{-}4} = (1\text{-}GR) \times (\Sigma\,APR \times P_{APR} + \Sigma\,NA \times P_{EM})/AA$

$X_{4\text{-}1} = (\Sigma\,NA \times P_{EM} + (SAL\text{-}GOL)/SAL \times (NAlambs \times P_{NTR} \times SAL - APR \times P_{APR}))/AA$

$X_{4\text{-}0\text{-}MN} = GOL/SAL \times (NA \times P_{NTR} \times SAL - APR \times P_{APR})/AA$

$X_{4\text{-}0\text{-}AP} = \Sigma\,APR \times P_{APR}/AA$

$\Delta S1 = X_{0\text{-}1MF} + X_{0\text{-}1CC} + X_{0\text{-}1SS} + X_{4\text{-}1} - X_{1\text{-}2} - X_{1\text{-}0}$

$\Delta S1 = (FRS \times P_{FR} + WS \times P_{WS} + SU \times PD \times PR\,/(1 - PR) + \Sigma\,NA \times P_{EM} + (SAL\text{-}GOL)/SAL \times (NAlambs \times P_{NTR} \times SAL - APR \times P_{APR} - (\Sigma\,CR \times P_{CR}) - (\Sigma\,APR \times P_{APR} + \Sigma\,NA \times P_{EM}) \times GR - (SAL\text{-}GOL) \times NAlambs \times P_{NTR})/AA - P_{EL}$

$\Delta S1(sens) = (FRS \times P_{FR} + WS \times P_{WS} + SU \times PD \times PR\,/(1 - PR) + \Sigma\,NA \times P_{EM} - (\Sigma\,APR \times P_{APR} + \Sigma\,NA \times P_{EM}) \times GR\,/AA - P_{EL}$

Apêndice 6. Dados sobre fertilizantes minerais

Quadro 7. Cálculo da concentração de fósforo nos produtos fertilizantes minerais na Noruega para o ano de 2011.

Product type	Consumption, tons (Mattilsynet, 2011)	Phosphorus, tons (Mattilsynet, 2011)	Resulting phosphorus concentration
NP-fertilizer 12-23	857	197	22.99%
NPK-fertilizer 6-5-20	1829	95	5.19%
NPK-fertilizer 11-5-18	897	41	4.57%
NPK-fertilizer 12-4-18	22333	893	4.00%
NPK-fertilizer 15-4-12	930	34	3.66%
NPK-fertilizer 17-5-13	17	1	5.88%
NPK-fertilizer 18-3-15	34668	901	2.60%
NPK-fertilizer 19-4-12	3958	150	3.79%
NPK-fertilizer 21-3-8	1987	52	2.62%
NPK-fertilizer 21-4-10	11081	399	3.60%
NPK-fertilizer 22-2-12	40942	696	1.70%
NPK-fertilizer 22-3-10	106988	2996	2.80%
NPK-fertilizer 25-2-6	116838	1869	1.60%
NPK-fertilizer 27-3-5	21080	548	2.60%
P-fertilizer 0-8-0	148	12	8.11%
P-fertilizer 0-20-0	5	1	20.00%
PK-fertilizer 0-5-17	331	16	4.83%

Quadro 8. Teor de fósforo nos produtos de fertilizantes minerais vendidos em Akershus, Sor-Trondelag e Rogaland no ano de 2011 (toneladas). Dados sobre vendas de (Mattilsynet, 2011), concentração de P do Quadro 7.

Product	Akershus			Sor-Trondelag			Rogaland		
	Sold, tons	P conc.	P content	Sold, tons	P conc.	P content	Sold, tons	P conc.	P content
NP-fertilizer 12-23	187	22.99%	43.0	46	22.99%	10.6	33	22.99%	7.6
NPK-fertilizer 6-5-20	269	5.19%	14.0	10	5.19%	0.5	155	5.19%	8.0
NPK-fertilizer 11-5-18	0	4.57%	0.0	4	4.57%	0.2	380	4.57%	17.4
NPK-fertilizer 12-4-18	1070	4.00%	42.8	499	4.00%	20.0	1619	4.00%	64.8
NPK-fertilizer 15-4-12	930	3.66%	34.0	0	3.66%	0.0	0	3.66%	0.0
NPK-fertilizer 17-5-13	2	5.88%	0.1	0	5.88%	0.0	0	5.88%	0.0
NPK-fertilizer 18-3-15	333	2.60%	8.7	2506	2.60%	65.2	5352	2.60%	139.2
NPK-fertilizer 19-4-12	394	3.79%	14.9	764	3.79%	29.0	0	3.79%	0.0
NPK-fertilizer 21-3-8	8	2.62%	0.2	208	2.62%	5.4	161	2.62%	4.2
NPK-fertilizer 21-4-10	955	3.60%	34.4	576	3.60%	20.7	0	3.60%	0.0
NPK-fertilizer 22-2-12	828	1.70%	14.1	2136	1.70%	36.3	5762	1.70%	98.0
NPK-fertilizer 22-3-10	16227	2.80%	454.4	6604	2.80%	184.9	398	2.80%	11.1
NPK-fertilizer 25-2-6	9384	1.60%	150.1	7440	1.60%	119.0	10466	1.60%	167.5
NPK-fertilizer 27-3-5	3884	2.60%	101.0	2289	2.60%	59.5	759	2.60%	19.7
P-fertilizer 0-8-0	0	8.11%	0.0	5	8.11%	0.4	5	8.11%	0.4
P-fertilizer 0-20-0	0	20.00%	0.0	0	20.00%	0.0	1	20.00%	0.2
PK-fertilizer 0-5-17	17	4.83%	0.8	3	4.83%	0.1	1	4.83%	0.0
Total			912			552			538

Apêndice 7. Excreção de fósforo pelo gado

Quadro 9. Excreção de fósforo pelos animais domésticos. Comparação de dados de diferentes fontes de dados.

Animal group	m³ manure/ animal-year (5,7)[1]	kg P/ ton manure (1,3,8,9)[1]	kg P/ animal-year Calculated based on (1,3,5,7,8,9)	kg P/ animal-year (2)[1]	kg P/ animal-year (7)[1]	kg P/ animal-year (6)[1]	kg P/ animal-year (4)[1]	kg P/ animal-year (10)[2]
Horses	9-9.6	1	9.0-9.6		8	7		7
Dairy cows	18	0.48-0.67	8.6-12.1	14.82	12.6	14	14.4	14.4
Other cows	15.6	0.45-0.6	7.0-9.4			9.3	7.8	8
Other cattle								9
Heifers 0-24 months							10.6	
Oxen 0-18 months							7.5	
Young cattle 0-12 months	5-7.2	0.51-0.6	2.6-4.3		2.8	4.7		
Young cattle 12-24 months	7.2-10	0.51-0.6	3.7-6.0		3.8	4.7		
Heifers 0-6 months	3	0.51-0.6	1.5-1.8	2.24				
Heifers 6-12 months	6.6	0.51-0.6	3.4-4.0	2.24				
Heifers 12-24 months	10.2	0.51-0.6	5.2-6.1	4.6				
Oxen 0-6 months	3	0.51-0.6	1.5-1.8	3.3				
Oxen 6-12 months	6.6	0.51-0.6	3.4-4.0	3.3				
Oxen 12-18 months	10.2	0.51-0.6	5.2-6.1	4.21				
Sheep winter feeding	1-1.8	1.13-1.7	1.1-3.1	1.39	1.2	2		2
Dairy goats winter feeding	1-1.8	1.2	1.2-2.2		1.2	2		1.2
Pigs for breeding	4.5-4.8	0.89-1.5	4.0-7.2	6.88	5.9	5.6	5.8	5.8
Pigs for slaughtering	2-4.8	0.89-1.5	1.8-7.2	1.15	2	0.778	0.45	0.45
Laying hens	0.028-0.060	4-8.1	0.1-0.5	0.185	0.2	0.175	0.128	0.13
Broilers	0.010-0.070	6-7.2	0.1-0.5	0.010	0.070	0.010	0.006	0.04

1Referências: (1) Bioforsk, 2013; (2) Bolstad, 1994; (3) Daugstad et al., 2012; (4) Karlengen et al., 2012; (5) Knutsen e Magnussen, 2011; (6) Lovdata, 2013; (7) Nesheim et al., 2011; (8) Tveitnes, 1993; (9) 0gaard, 2008. (10) Utilizado no presente estudo para o período de 1996 a 2011.

Apêndice 8. Dados relativos à produção de alimentos para animais

Tabela 10. Produtos brutos vendidos para a produção de alimentos para animais em 2010, toneladas

Product	Raw products sold in Norway, tons	Phosphorus concentration in raw products	Resulting P content, tons	Phosphorus concentration in feed
Corn (Mais)	54113[1]	0.10%[2]	54	
Sorghum	23168[1]	0.29%[2]	66	
Corn (Mais) groats	31469[1]	0.10%[2]	31	
Wheat	232569[1]	0.37%[2]	863	
Rye/Triticale	12525[1]	0.36%[2]	44	
Barley	507881[1]	0.29%[2]	1447	
Oats	255013[1]	0.52%[2]	1316	
Bran	74597[1]	1.10%[2]	821	
Molasses	61719[1]	0.03%[3]	19	
Herring flour	12374[1]	0.02%[4]	2.4	
Corn (Mais) gluten	24349[1]	0.57%[5]	139	
Soya flour	215527[1]	0.60%[2]	1293	
Rapeseed pellets	91091[1]	0.30%	273	
Oilseeds, peas	19594[1]	0.31%[2]	61	
Fish silage	9319[1]	1.90%[6]	177	
Vitamin/mineral	78874[1]	5%	3944	
Total	1811198		10550	0.58%

Referências:
- Dados da Autoridade Agrícola Norueguesa (Breen, 2013)
- Matvaretabellen, 2013
- Nutritiondata, 2013
- Tangkanakul et al.,, 2005
- Stein, 2013
- Hertrampf e Piedad-Pascual, 2000

Apêndice 9. Balanço de fósforo no processo "Criação de animais"

Quadro 11. Balanço de fósforo das principais categorias de animais em Akershus, Sor-Trondelag e Rogaland. A ingestão é a soma do fósforo consumido com alimentos e forragens e através do pastoreio em terras cultivadas e não cultivadas (quantificado através de um balanço de massa). Assume-se que a deposição é igual à quantidade de fósforo nos produtos animais (carcaças de animais abatidos, leite e ovos). A excreção é a quantidade de fósforo no estrume excretado em terras cultivadas e não cultivadas.

County	Animal groups	1997-1999			2009-2011			Unit
		Intake	Deposition	Excretion	Intake	Deposition	Excretion	
Akershus/	Horse	0.2	0.0	0.2	0.3	0.0	0.3	kg P/ha-yr
Oslo	Cattle	4.1	0.6	3.4	3.2	0.5	2.6	kg P/ha-yr
	Sheep/Lambs	0.5	0.5	0.0	0.5	0.4	0.1	kg P/ha-yr
	Goats	0.0	0.0	0.0	0.0	0.0	0.0	kg P/ha-yr
	Pigs	0.8	0.0	0.8	0.7	0.0	0.7	kg P/ha-yr
	Poultry	1.4	0.3	1.1	1.5	0.3	1.2	kg P/ha-yr
	Total	6.9	1.4	5.6	6.2	1.3	4.9	kg P/ha-yr
Sor-	Horse	0.2	0.0	0.2	0.3	0.0	0.2	kg P/ha-yr
Trondelag	Cattle	17.5	3.0	14.6	14.0	2.5	11.5	kg P/ha-yr
	Sheep/Lambs	3.3	0.3	3.0	3.4	0.2	3.2	kg P/ha-yr
	Goats	0.0	0.0	0.0	0.0	0.0	0.0	kg P/ha-yr
	Pigs	0.7	0.1	0.6	0.5	0.1	0.4	kg P/ha-yr
	Poultry	1.3	0.3	1.1	5.8	1.2	4.5	kg P/ha-yr
	Total	23.0	3.6	19.4	24.0	4.1	19.9	kg P/ha-yr
Rogaland	Horse	0.2	0.0	0.2	0.2	0.0	0.2	kg P/ha-yr
	Cattle	22.5	3.2	19.3	19.2	3.8	15.4	kg P/ha-yr
	Sheep/Lambs	7.0	1.4	5.6	8.3	2.0	6.3	kg P/ha-yr
	Goats	0.02	0.00	0.02	0.02	0.00	0.02	kg P/ha-yr
	Pigs	2.9	0.2	2.6	3.7	0.3	3.4	kg P/ha-yr
	Poultry	3.3	0.7	2.6	7.5	1.4	6.1	kg P/ha-yr
	Total	35.9	5.6	30.3	39.0	7.5	31.6	kg P/ha-yr

yes
I want morebooks!

Buy your books fast and straightforward online - at one of world's fastest growing online book stores! Environmentally sound due to Print-on-Demand technologies.

Buy your books online at
www.morebooks.shop

Compre os seus livros mais rápido e diretamente na internet, em uma das livrarias on-line com o maior crescimento no mundo! Produção que protege o meio ambiente através das tecnologias de impressão sob demanda.

Compre os seus livros on-line em
www.morebooks.shop

Printed by Books on Demand GmbH, Norderstedt / Germany